稀有金属在富磷岩浆体系中富集成矿的实验研究

Experimental Research on Mineralization of Rare Metals in Phosphorus-rich System

刘云龙 著

北 京
冶 金 工 业 出 版 社
2020

内 容 提 要

全书分为 9 章。第 1 章为绪论，主要介绍了磷的地球化学性质、富磷过铝质岩浆体系的研究现状和本次研究的内容；第 2 章介绍了采用的实验装置、实验方法及分析方法；第 3~8 章是本书研究的核心内容，通过不同条件下的实验研究，揭示了磷对过铝质岩浆液相线温度的影响、磷在过铝质岩浆不混溶过程中的作用、锰铝榴石－磷灰石反应对过铝质岩浆中磷含量的制约、成矿元素和稀土元素在流体/富磷过铝质熔体相间的分配以及稀有独立矿物在富磷熔体中溶解度；第 9 章客观评价了书中相关研究的不足之处，并提出了下一步研究的设想。

本书可供实验地球化学、矿床学等相关专业的高等院校师生、地质工作者和相关科研人员阅读和参考。

图书在版编目(CIP)数据

稀有金属在富磷岩浆体系中富集成矿的实验研究 /
刘云龙著 . —北京：冶金工业出版社，2020.5
ISBN 978-7-5024-8495-8

Ⅰ. ①稀… Ⅱ. ①刘… Ⅲ. ①稀有金属—成矿—实验—研究 Ⅳ. ①P618.6-33

中国版本图书馆 CIP 数据核字(2020)第 071908 号

出 版 人　陈玉千
地　　址　北京市东城区嵩祝院北巷 39 号　邮编　100009　电话　(010)64027926
网　　址　www.cnmip.com.cn　电子信箱　yjcbs@cnmip.com.cn
责任编辑　李培禄　常国平　美术编辑　彭子赫　版式设计　孙跃红
责任校对　郑　娟　责任印制　李玉山
ISBN 978-7-5024-8495-8
冶金工业出版社出版发行；各地新华书店经销；三河市双峰印刷装订有限公司印刷
2020 年 5 月第 1 版，2020 年 5 月第 1 次印刷
169mm×239mm；8.75 印张；169 千字；131 页
52.00 元

冶金工业出版社　投稿电话　(010)64027932　投稿信箱　tougao@cnmip.com.cn
冶金工业出版社营销中心　电话　(010)64044283　传真　(010)64027893
冶金工业出版社天猫旗舰店　yjgycbs.tmall.com
(本书如有印装质量问题，本社营销中心负责退换)

前　言

　　磷是火成岩岩石化学中主要组分之一。但长期以来，由于人们缺乏对磷地球化学行为的系统了解，在实际的研究中其岩石学、地球化学含义往往被绝大多数人所忽视。近年来，相继发现了一套与稀有金属 W、Sn、Nb、Ta 成矿在时空上密切相关的富磷过铝质岩浆岩（包括花岗岩、伟晶岩和流纹岩），其全岩中 P_2O_5 的含量（质量分数）可高达 1% 以上。富磷过铝质岩浆是过铝质岩浆体系中的一个重要类型，它通常以富 P，高 ASI［铝饱和指数，$Al_2O_3/(Na_2O + K_2O + CaO)$ 摩尔比值］，贫 Fe、Mg、Ca，强烈亏损 REE、Th、Y 为特征，并且与稀有金属（W、Sn、Be、Nb、Ta）矿化具有紧密的成因联系。

　　近十多年来，磷对花岗岩岩浆性状及其演化的影响已引起国内外学者极大关注，业已开展了一些简单花岗岩（SiO_2-Al_2O_3-Na_2O-K_2O-P_2O_5）体系的实验研究。已有研究揭示，磷可降低硅酸盐熔体黏度和固、液相线温度，增加水在熔体中的含量，影响熔体中变价离子的氧化状态，扩大石英的液相线场使残余熔体向富钠长石方向演化。无疑，岩浆体系中高磷含量的存在，将对岩浆分异演化，稀有元素 W、Sn、Nb、Ta 的成矿作用以及 REE、U、Th 和 Sr 的地球化学行为产生重要的影响。

　　然而，前人的研究主要集中在简单花岗岩体系，这与自然界中富磷体系通常是过铝质岩浆岩的事实不符。富磷过铝质岩浆体系的性状及其演化的地球化学特征、岩浆液态分离、磷酸盐-硅酸盐矿物对平衡对熔体相中磷的制约、富磷过铝质岩浆-热液体系中微量元素

（包括 REE）地球化学行为以及稀有金属独立矿物在富磷熔体中的溶解度等科学问题尚未得到系统解决，目前更缺乏实验地球化学的直接证据。对上述科学问题的研究、探索，将有助于了解富磷过铝质岩浆体系形成和演化的地球化学特征，有助于揭示磷对微量元素（包括稀有、稀土元素）地球化学行为的影响，这对于理解过铝质岩浆体系成岩、成矿作用过程具有重要的理论和实际意义。

本书利用天然花岗岩开展了富磷过铝质岩浆体系性状、锰铝榴石-磷灰石平衡体系对熔体相中磷含量的制约和磷对不相容元素在流体/熔体相间分配行为以及稀有金属独立矿物在熔体中溶解度影响的实验研究，其目的是揭示富磷过铝质岩浆-热液体系演化的地球化学特征及其对稀有金属元素成矿作用的制约。

本书获得国家自然科学基金（批准号：40273030 和 40903027）中国科学院知识创新重要方向项目之独立课题（KZCX3-SW-124）资助出版，感谢他们提供的资金支持。本书编写过程受到张辉研究员和唐勇研究员的悉心指导和鼓励，再次向两位老师表示诚挚的谢意。王宏、刘喜强、覃山县参加了部分文字的录入和部分图件的修订工作，在此谨表谢意。此书中的不足之处，诚望读者批评指正。

刘云龙

2020 年 3 月

目　录

1 绪 论

1.1 磷的发现与应用

在元素的发现史上，磷的发现颇有特色，同时也具有特殊的意义。这是因为磷是一个典型的非金属，它的发现为之后研究非金属的通性提供了可能。磷是在1669 年首先由德国人布兰德发现的，布兰德在蒸发尿的过程中，偶然发现了一种白色固体（白磷），在黑暗中不断发光，他把这种固体称为 kalte feuer（德文，冷光）。磷的拉丁文名 Phosphorum 就是"冷光"之意。磷的化学符号是 P，其英文名是 Phosphorus。与古代人从矿物中取得金属元素不同，磷是第一个从有机体中取得的元素。第一次将磷列入到化学元素行列的是化学家拉瓦锡。磷有白磷、红磷、黑磷三种同素异形体。白磷的熔点为 44.1℃，沸点为 280℃，20℃时的密度为 1.82g/cm^3。白磷反应活性很高，在空气中能自燃形成 P_4O_{10}，白磷须储存在水中。白磷不溶于水，毒性很大，人体吸入 0.1g 白磷，就会中毒死亡，空气中白磷的容许浓度是 0.1mg/m^3；白磷在没有空气的条件下加热到 250℃或者在光照下，就会转变为红磷；在高压下，白磷可转变为黑磷，黑磷具有层状的网络结构，能导电，是磷同素异形体中最稳定的。

磷在自然条件下比较简单，因为它不易氧化，不产生游离的磷。除了在铁陨石中的陨磷铁镍石外，磷酸盐是唯一的磷化物。磷原子有 sp^3 型杂化轨道，所以它只能形成一种磷酸根离子 [PO$_4$]$^{3-}$（刘英俊等，1984）。据 Lewis 酸碱分类，[PO$_4$]$^{3-}$ 是典型的硬碱，是 Li、Be、Nb、Ta、Th、Y、Zr、REE 和 WO^{4+}、MoO^{3+} 亲氧元素或含氧酸成矿元素等硬酸优先结合的对象（戴安邦，1987）。磷是重要的化工原料，也是农作物生长的必要元素。磷化工包括磷肥工业、黄磷及磷化物工业、磷酸及磷酸盐工业、有机磷化物工业、含磷农药及医药工业等。世界上磷矿石的消费结构中约 80% 用于农业，其余的用于提取黄磷、磷酸及制造其他磷酸盐系列产品。磷化工产品在工业、国防、尖端科学和人民生活中已被普遍应用。磷除了在农业中用作磷肥、含磷农药、家禽和牲畜的饲料以外，在洗涤剂、冶金、机械、选矿、钻井、电镀、颜料、涂料、纺织、印染、制革、医药、食品、玻璃、陶瓷、水处理、耐火材料、建筑材料、日用化工、造纸、弹药、阻燃及灭火等方面也被广泛使用。随着科技的发展，高纯度及特种功能磷化工产品在尖端科学、国防工业等方面被进一步推广应用，出现了大量新产品，如电子电气材料、传感元件材料、离子交换剂、催化剂、人工生物材料、太阳能电池材料、光学材料等。由于磷化工产品不断向更多的产业部门渗透，特别是在尖端科学和新兴产业部门中的应用，使磷化工成为国民经济中的一个重要的产业。磷化工产品在人们的衣、食、住、行各个领域，发挥着越来越重要的作用。

1.2　磷的基本化学、地球化学性质

磷为典型的非金属元素，它位于元素周期表的第三周期第五主族中，其地球化学参数列于表 1-1 中。

表 1-1　磷的地球化学参数

元素	原子序数	原子量	原子体积 /$cm^3 \cdot mol^{-1}$	原子密度 /$g \cdot cm^{-3}$	电子构型	电负性	地球化学 电价
P	15	30.97	17	2.69	$3s^2sp^3$	2.19	+5

共价 半径/nm	离子半径 （6 配位）/nm	电离势 /eV	还原电位/V	离子电位 （Z/R）	地壳丰度
0.170	0.035	10.484	$H_3PO_4 + 2H^+ \rightarrow$ $H_3PO_3 - 0.276$	14.29(+5)	1000×10^{-6}

资料来源：刘英俊等（1984）。

表 1-2 列出了磷在各地质体中的丰度，磷的宇宙原子丰度为 1.04×10^4（以 Si 的丰度为 10^6 为标准），在铁陨石中，磷的平均丰度为 1800×10^{-6}，磷在石陨石中的平均丰度为 1100×10^{-6}，在球粒陨石中，磷的丰度为 500×10^{-6}，其中 CI 型球粒陨石中磷的丰度为 1220×10^{-6}，在陨石的金属相及陨硫铁结核中，磷可形成磷化物——陨磷铁镍石（Fe，Ni，Co）$_3$P，陨硫铁相中磷的丰度为 3000×10^{-6}。

表 1-2　磷在地球不同圈层及陨石中的丰度

地　质　体			丰　度	资料来源
宇宙（Si 的丰度为 10^6 原子）			1.04×10^4	①
太阳大气层（Si = 10^6 原子）			7.08×10^3	②
陨石	陨石相	金属相	1800×10^{-6}	②
		陨硫铁相	3000×10^{-6}	②
		硅酸盐相	700×10^{-6}	②

地 质 体		丰 度	资料来源
陨石	铁陨石	1800×10^{-6}	③
	石陨石	1100×10^{-6}	③
	球粒陨石	500×10^{-6}	③
地球	地核	2500×10^{-6}	④
		2280×10^{-6}	本书
	地幔 上地幔	530×10^{-6}	④
	下地幔	170×10^{-6}	④
	地幔	303×10^{-6}	本书
		343×10^{-6}	⑤
	地壳 克拉克和华盛顿（1924）	1200×10^{-6}	②
	戈尔德施密特（1937）	1200×10^{-6}	①
	维诺格拉多夫（1962）	930×10^{-6}	②
	泰勒（1964）	1050×10^{-6}	②
	黎彤（1976）	1200×10^{-6}	④
	地球	1000×10^{-6}	④
		1000×10^{-6}	本书
	生物圈	700×10^{-6}	②

①Anders and Grevesse（1989）；②陈道公等（1994）；③勒斯勒等（1985）；④黎彤（1976）；⑤Mason（1966）。

　　地核占地球总质量的 31.5%，根据 Murthy 和 Hall（1970）的资料，地核成分相当于 40% 的陨硫铁和 60% 的铁陨石，利用陨硫铁和铁陨石中磷的丰度值（分别为 3000×10^{-6} 和 1800×10^{-6}），可大体估算出地核中磷丰度可达 2280×10^{-6}，该值接近于黎彤（1976）计算的地核丰度值 2500×10^{-6}。上地幔的质量占地球总质量的 27.7%，其成分近似于 3 份阿尔卑斯橄榄岩和 1 份夏威夷玄武岩，下地幔的质量占地球总质量的 40.4%，黎彤（1976）采用超基性岩和基性岩的平均磷含量，计算出上地幔和下地幔的磷丰度值分别为 530×10^{-6} 和 170×10^{-6}，若按上地幔和下地幔的质量比值（大致为 41/59）进行计算，则可得到地幔的磷丰度值为 303×10^{-6}，与 Mason（1966）给出的地幔磷丰度值 343×10^{-6} 较为接近。地壳质量仅占地球总质量的 0.4%，但地壳中的元素丰度一直受到各国地球化学家的重视，因此有关数据也就相对丰富，据不同学者的数据表明，磷在地壳中的丰度值分布在（930 ~ 1200）× 10^{-6}的范围内。根据各圈层所占地球总质量的比值（31.5%、27.7%、40.4% 和 0.4%）及其磷丰度（2500 × 10^{-6}、530 × 10^{-6}、170 × 10^{-6} 和 1200 × 10^{-6}）可计算出整个地球的磷丰度大约为 1000 × 10^{-6}，此数值与黎彤（1976）利用地球物理类比法计算得出的值相同。

此外，磷是一种极其重要的生物（生命）元素，它是细胞遗传信息携带者 DNA 的构成元素，也是细胞代谢中三磷酸腺苷（ATP）的构成元素，在能量贮存、利用和转化方面起着关键作用。它还制约着生态系统，尤其是水域生态系统的光合生产力。可以这样说没有磷就没有生命，也就不会有生态系统中的能量流动。磷在生物圈中的平均丰度为 700 × 10^{-6}。

磷是动物体内含量最多的矿物元素之一，平均占体重的 1% ~ 2%（质量分数），其中 80% 的磷存在于骨和牙齿中，其余存在于软组织和体液中。磷主要以两种形式存在于骨中：一种是结晶型化合物，主要成分是羟基磷灰石 $Ca_{10}(PO_4)_6(OH)_2$；另一种是非晶型化合物，主要是 $Ca_3(PO_4)_2$ 和 $Mg_3(PO_4)_2$。血磷含量较高，一般在 35 ~ 45mg/100mL 之间，主要以 $H_2PO_4^-$ 的形式存在于血细胞内。而血浆中磷含量较少，一般在 4 ~ 9mg/100mL，主要以离子状态存在，少量与蛋白质、脂类、碳水化合物结合存在。大多数植物中磷的浓度介于 0.1% ~ 0.4%（质量分数）之间，植物以吸收 $H_2PO_4^-$ 为主，也少量吸收 HPO_4^{2-}。

磷作为构成生物有机体的一个重要元素，主要来源是磷酸盐类岩石和含磷的沉积物（如鸟粪等）。它们通过风化和采矿进入水循环，变成可溶性磷酸盐被植物吸收利用，进入食物链。在各类生物的排泄物和尸体被微生物所分解后，有机磷转化为无机形式的可溶性磷酸盐，一部分磷再次被植物利用，纳入食物链进行循环；另一部分进入水体并最终汇入海洋。由大陆风化作用淋滤并被带入海水中的磷估计约为 708 × 10^{-6}，但这部分磷中只有 0.01% 溶解于海水中，滞留时间 2.7 × 10^5 年，其他的磷则以磷酸盐形式沉淀下来，长期保存在沉积岩中（见图 1-1）。

自然界的磷主要以磷酸盐矿物的形式存在，已知的含磷矿物大约有 120 多种，分布广泛。最常见的磷酸盐矿物为磷灰石，其化学式为 $Ca_{10}(PO_4)_6Z_2$（Z 为附加阴离子），按照 Z 不同，将磷灰石分为氟磷灰石（FAp）、氯磷灰石（ClAP）和羟磷灰石（OHAp），磷灰石中的 $[PO_4]^{3-}$ 离子可以被其他阴离子 $[AsO_4]^{3-}$、$[VO_4]^{3-}$、$[SO_4]^{3-}$、$[SiO_4]^{3-}$ 等所替代，Ca^{2+} 可以被 Na^+、Ba^{2+}、Sr^{2+}、Pb^{2+}、REE^{3+}、Th^{4+} 等替代（Matthew et al.，2002）。如表 1-3 所示，磷灰石的化学组成可以作为花岗岩分类的指示剂（张绍立等，1985；Sha and Chappell，1999）。磷灰石还是控制岩浆中微量元素和稀土元素变化的重要因素之一

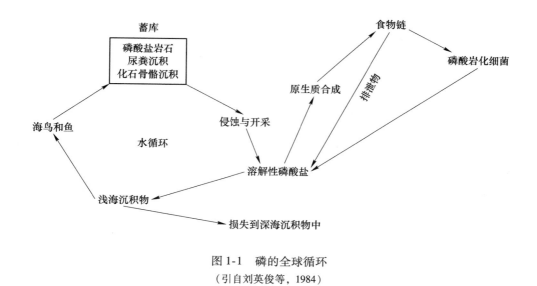

图 1-1　磷的全球循环
（引自刘英俊等，1984）

（Bea，1996；Bea et al.，1992）。除磷灰石以外，独居石和磷钇矿也是重要的磷酸盐矿物。

表 1-3　不同类型花岗岩中磷灰石的主量和微量元素特征（Sha and Chappell，1999）

元素	镁铁质 I 型花岗岩	长英质 I 型花岗岩	S 型花岗岩
F	<27000ppm	>27000ppm	>27000ppm
Cl	>1000ppm	通常很低，<200ppm	<1000ppm
Mn	<900ppm	同 S 型	910～15000ppm（平均 5100ppm）
Fe	<2100ppm（平均 1350ppm）	同 S 型	1000～10300ppm（平均 3800ppm）
S	200～600ppm（最大可达 2300ppm）	同 S 型	<200ppm
Na	100～1100ppm	同 S 型	350～2100ppm，（大多 >650ppm）
Sr	110～400ppm（平均 265ppm）	60～120ppm（平均 150ppm）	30～210ppm（平均 135ppm）
Si	400～3000ppm	同 S 型	<800ppm
Th	10～650ppm（平均 75ppm）	1～151ppm（平均 24ppm）	<30ppm（平均 9ppm）

元素	镁铁质 I 型花岗岩	长英质 I 型花岗岩	S 型花岗岩
As	11~210ppm（平均 52ppm）	2~20ppm（平均 10ppm）	<2~4ppm
V	7~97ppm（平均 14ppm）	同 S 型	<0.3~2
LREE/HREE	1.9~7.9	<1.9（集中于 0.4~1.3）	<1.9（集中于 0.5~1.85）
Sm/Nd	<0.27（0.12~0.26）（平均 0.17）	>0.27（0.29~0.58）（平均 0.26）	>0.27（0.28~0.62）（平均 0.42）
La/Y	>0.2（0.2~3.25）	同 S 型	<0.3（0.05~0.29）
稀土分配模式	右倾，强烈富集轻稀土	—	—
Eu 异常	弱的负 Eu 异常 Eu/Eu* = 0.12~0.94	强的负 Eu 异常 Eu/Eu* = 0.02~0.16（平均 0.11）	强的负 Eu 异常 Eu/Eu* = 0.03~0.23（多数 <0.15，平均 0.10）
Nd 异常	无	通常存在 Nd 的亏损	大多存在 Nd 的亏损
(Sm/Nd)cn	<0.8	>0.8	>0.8
(La/Lu)cn	>5	大多 <4	大多 <4
(La/Sm)cn	>1.1	<1.1	<1.1

注：1ppm = 10^{-6}。

　　四次配位的 Si^{4+} 和 P^{5+} 的离子半径分别为：0.026nm 和 0.017nm，虽然它们的离子半径稍微有点差别，但在异价类质同象的情况下，类质同象代替的能力主要取决于电荷平衡，而离子半径的大小退居次要地位，又因为 Si^{4+} 和 P^{5+} 属于相同的离子类型——惰性气体型离子，并且 P—O 和 Si—O 间距分别为 0.1664nm 和 0.161nm，较为相近，因此 P^{5+} 完全有可能替代 Si^{4+} 进入到硅酸盐结构中（潘兆橹等，1998）。

　　Koritnig（1965）在 20 世纪 60 年代测试了不同岩体中的 45 种造岩矿物中磷的含量，磷在各种主要造岩矿物中的平均含量为：橄榄石 220×10^{-6}、石榴石 185×10^{-6}、辉石 89×10^{-6}、角闪石 77×10^{-6}、白云母 63×10^{-6}、黑云母 58×10^{-6}、钾长石 53×10^{-6}、斜长石 27×10^{-6}、石英 0.2×10^{-6}。随着矿物中 SiO_2 含量增加，P 替代 Si 的趋势降低。表 1-4 列出了各类岩石的硅酸盐矿物中磷的含量占全岩磷含量的百分比，结果表明，虽然 P 能替代 Si 进入到各种造岩矿物中，但侵入岩中的绝大多数磷与替代作用无关（刘英俊等，1984）。

表1-4 各类岩石的硅酸盐矿物中磷的含量占全岩磷含量的百分比

岩 石 类 型	硅酸盐矿物中磷的含量占全岩磷含量的百分比/%
花岗岩	6.4
花岗闪长岩	7.2
英云闪长岩	3.3
球眼片麻岩	1.9
玄武岩	4.0
苦橄玄武岩	25.8

资料来源：刘英俊等（1984）。

1.3 富磷过铝质岩浆体系研究现状及存在的问题

与地核和地壳比较，地幔中磷丰度显著降低，但内生磷矿床的形成往往与幔源的偏碱性超基性、基性杂岩有关（罗益清，1991），如我国矾山磁铁矿磷灰石矿床，其含矿母岩为幔源偏碱性超镁铁岩 – 正长岩杂岩体（李秉新，2002）。这与 Watson（1976）实验研究结果是一致的，磷强烈地分配进入基性岩浆中，而与高聚合的酸性岩浆无亲缘联系。Watson 和 Capobianco（1981）与 Harrison 和 Watson（1984）的研究表明，在酸性岩浆中磷含量因受磷灰石的饱和结晶分离所缓冲，随着体系 SiO_2 含量的增加而逐步降低，最终将导致酸性岩浆的 P_2O_5 含量会很低（P_2O_5 的质量分数为 0.14%，Watson and Capobianco，1981）。因此在基性→中性→酸性岩浆体系的正常演化过程中，由于基性和中性岩浆中都含有丰富的 Ca 含量，体系中的磷含量因磷灰石的不断饱和结晶而平缓降低（Green and Watson，1982；Harrison and Watson，1984；Watson，1979；Watson，1980；Watson and Capobianco，1981）。

然而近年来，相继发现与稀有金属 W、Sn、Nb、Ta 成矿在时空上密切相关的是一套富磷过铝质岩浆岩（包括花岗岩、伟晶岩和流纹岩），其全岩中 P_2O_5 的含量（质量分数）可高达 1%（Bea et al.，1994；Broska et al.，2004；Charoy and Noronha，1996；Kontak，1990；Lentz，1997；London D. et al.，1989；MacDonald and Clarke，1985；Raimbault and Burol，1998；Raimbault et al.，1995；Stone，1982；Yin et al.，1995；张辉，2001）。显然，如此高含量的磷势必对岩浆的性状和演化过程产生重大的影响。

1.3.1 典型富磷稀有金属矿床

1.3.1.1 江西宜春钽铌锂矿床

宜春钽铌锂矿床（又名 414 矿床）位于江西宜春市袁州区新坊镇境内，距宜春市大约 20km，矿区面积 7km²，是以钽为主的特大型稀有金属矿床。累计探明储量：钽（Ta_2O_5）1.85 万吨、铌（Nb_2O_5）1.49 万吨、矿石锂（Li_2O）75.22 万吨、铷（Rb_2O）40.17 万吨、铯（Cs_2O）5.43 万吨。该矿床具有可露采、规模大、品位均匀以及可综合利用资源多等优点，是我国重要的稀有金属矿产资源基地。

　　A　区域地质特征

　　江西宜春钽铌锂矿床大地构造位置上位于华南加里东褶皱系桂湘赣褶皱带北缘武功山隆起区的东北部。区内出露的基底地层主要为元古界前震旦系和震旦系，前者厚约 500m，主要由变质的含炭质、泥沙质和砂质岩石组成，后者厚约 5700m，主要由不同程度变质的泥质、泥沙质和砂质等岩石组成。区内的主要断裂方向为北东向，其次为北东东向和北西向。深成岩浆活动频繁，侵入的花岗岩体从加里东期经海西期至印支早期和燕山早期均有分布（图 1-2）。

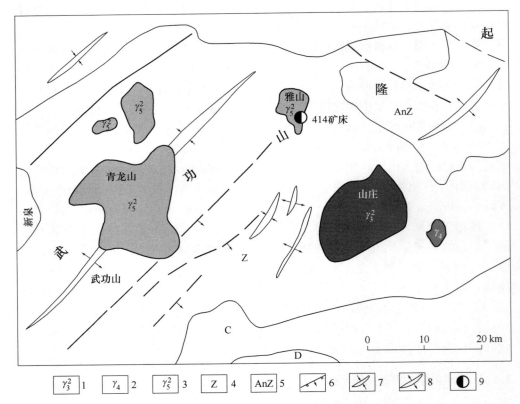

图 1-2　宜春 414 矿床区域地质略图

（据林德斯松，1996）

1—加里东晚期侵入花岗岩；2—海西期侵入花岗岩；3—燕山早期侵入花岗岩；4—震旦系变质岩；
5—前震旦系变质岩；6—断层；7—向斜；8—背斜；9—钽铌矿

B 矿床地质特征

雅山复式花岗岩体为宜春钽铌锂矿床的主要矿化岩体，侵位于震旦系变质砂岩中，出露面积约为 9.5km²。雅山岩体自下而上可以分为二云母花岗岩带、白云母花岗岩带（又可细分为细粒斑状白云母和中粒白云母）、含锂白云母（Li-mica）钠长石花岗岩带、黄玉锂云母钠长石花岗岩带以及似伟晶岩带等，其中白云母花岗岩带以隐伏的小岩株形式产出，其他岩带均在地表有出露。矿区内主要产出花岗岩型钽铌锂矿床（414 矿床），另外在 414 矿床的西北侧还有一个小型的石英脉型黑钨矿床产出（新坊钨矿）（图 1-3）。

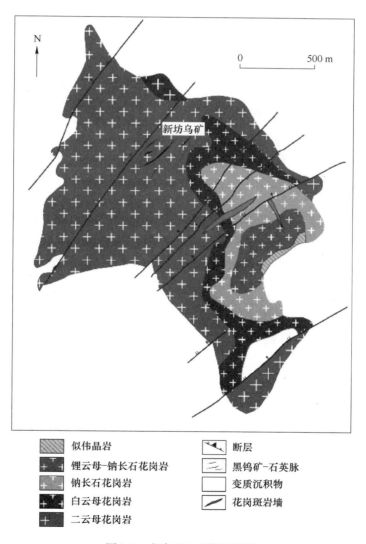

图 1-3 宜春 414 矿床地质图

各岩相带的主要特征如下：

似伟晶岩带：分布于岩体的顶部或岩体边缘部分，厚度变化较大，局部变薄或缺失，最厚处可达7m，一般厚50～70cm。主要组成矿物为石英、钾长石和钠长石，并有少量的氟磷锰矿、黄玉和锂云母。副矿物主要有铌钽锰矿、细晶石、锆石、磷灰石、辉钼矿、黄铜矿和闪锌矿等。

中细粒黄玉-锂云母-钠长石花岗岩带：该花岗岩带岩石呈白色，局部呈浅紫色，主要矿物组成为钠长石（40%～60%）、石英（20%～25%）、锂云母（15%～20%）、钾长石（3%～10%）、黄玉（1%～2%）、氟磷锰矿（1%～2%）。该花岗岩带中富含锂云母、铌钽锰矿和含钽锡石，为钽铌锂的工业矿体。在该带中发现了不少铌钽锰矿与锂云母共生的现象，此外，还在该带中发现了大量的"雪球结构"。

在似伟晶岩带与锂云母钠长石花岗岩带的中间往往发育一层不连续分布的云英岩带，其厚度一般为10～20cm，主要由石英、锂云母、微斜长石、钠长石和黄玉等矿物组成。副矿物有铌钽锰矿、细晶石、磷灰石、锆石、辉钼矿、黄铜矿及闪锌矿等。

中细粒含锂白云母-钠长石花岗岩带：岩石呈浅红色或白色，中细粒花岗结构，主要造岩矿物有石英（30%～35%）、钾长石（25%～30%）、钠长石（15%～20%）、钠更长石（5%～10%）、锂白云母（10%～15%），并有少量的黄玉和氟磷锰矿。该花岗岩带中含有一定量的铌钽锰矿、锂云母和含钽锡石，为钽铌锂的贫矿体。杨泽黎（2014）利用 LA-ICP-MS 对该岩相带的锆石进行了定年，$^{206}Pb/^{238}U$ 的加权平均年龄为（150.1±1.0）Ma。

白云母花岗岩带：细粒斑状白云母花岗岩和中粒白云母花岗岩具有几乎相同的矿物组成，主要造岩矿物有石英（35%～40%）、钾长石（30%～35%）、钠更长石（An7-10）（10%～20%）、钠长石（5%～10%）以及白云母（5%）。副矿物有石榴子石、锆石、磷灰石、萤石及少量的黄铁矿和黄铜矿。岩石中钽铌锰矿的含量较少。

中粗粒二云母花岗岩带：中粗粒二云母花岗岩，呈灰白色，似斑状结构，斑晶粒径1～20mm。主要造岩矿物有石英（35%～40%）、碱性长石（30%～35%）、斜长石（25%～30%）、黑鳞云母（2%～3%）和白云母（3%～5%）。斑晶主要为碱性长石和斜长石；石英呈他形粒状，长石自形-半自形，具有环带结构，碱性长石具有不同程度的泥化；云母包括黑云母和白云母，其中的黑云母呈深红棕色，边部有绿泥石化，核部包裹有锆石、磷灰石等副矿物。副矿物有石榴子石、锆石、独居石、磷钇矿、金红石、萤石及钽铌锰矿。二云母花岗岩占矿区内出露复式岩体面积的60%，为复式岩体的主体部分。杨泽黎等（2014）利用锆石的 U-Pb 定年法测得二云母的年龄为（150.2±1.4）Ma，因此，雅山复式岩体的成岩时代应该为晚侏罗世。雅山花岗岩体 LA-ICP-MS 锆石 U-Pb 定年见表 1-5。

表 1-5 雅山花岗岩体 LA-ICP-MS 锆石 U-Pb 定年

序号	测定点号	Th/U	同位素比值						年龄/Ma			
			$^{207}Pb/^{206}Pb$		$^{207}Pb/^{235}U$		$^{206}Pb/^{238}U$		$^{207}Pb/^{235}U$		$^{206}Pb/^{238}U$	
			比值	1σ	比值	1σ	比值	1σ	年龄	1σ	年龄	1σ
1	YS1-2	0.21	0.05247	0.00094	0.16928	0.00296	0.02340	0.00032	159	3	149	2
2	YS1-3	0.58	0.04912	0.00098	0.15936	0.00314	0.02353	0.00036	150	3	150	2
3	YS1-10	0.69	0.05042	0.00128	0.16461	0.00403	0.02369	0.00035	155	4	151	2
4	YS1-11	0.59	0.04922	0.00084	0.15954	0.00268	0.02351	0.00032	150	2	150	2
5	YS1-13	0.32	0.05271	0.00271	0.17106	0.00841	0.02354	0.00050	160	7	150	3
6	YS1-14	0.22	0.05284	0.00127	0.17127	0.00395	0.02351	0.00034	161	3	150	2
7	YS1-16	0.39	0.0497	0.00111	0.16218	0.00355	0.02368	0.00038	153	3	151	2
8	YS1-18	0.99	0.05274	0.00094	0.17094	0.00302	0.02351	0.00034	160	3	150	2
9	YS1-19	0.34	0.05349	0.00106	0.17246	0.00337	0.02339	0.00036	162	3	149	2
10	YS1-23	0.63	0.05239	0.00081	0.16915	0.00261	0.02342	0.00034	159	2	149	2
11	YS1-24	0.81	0.04975	0.00428	0.15841	0.01342	0.02309	0.00035	149	12	147	2
12	YS1-25	2.17	0.05447	0.00247	0.17942	0.00776	0.02389	0.00047	168	7	152	3
13	YS1-27	0.36	0.04932	0.00156	0.16195	0.00491	0.02382	0.00037	152	4	152	2
14	YS1-28	0.79	0.05252	0.00166	0.17200	0.00523	0.02375	0.00042	161	5	151	3
15	YS1-29	0.80	0.04950	0.0008	0.16045	0.00254	0.02351	0.00032	151	2	150	2
16	YS1-30	0.40	0.05387	0.00095	0.17554	0.00303	0.02363	0.00033	164	3	151	2
17	YS2-3	0.19	0.05132	0.00116	0.1651	0.00366	0.02354	0.00034	156	3	150	2
18	YS2-6	0.46	0.05186	0.00088	0.16735	0.0028	0.02341	0.00033	157	2	149	2
19	YS2-7	0.38	0.05719	0.00102	0.18352	0.00322	0.02327	0.00034	171	3	148	2
20	YS2-8	0.26	0.05033	0.00217	0.16021	0.00651	0.02309	0.00033	151	6	147	2
21	YS2-10	1.39	0.05471	0.0016	0.17741	0.005	0.02353	0.00036	166	4	150	2
22	YS2-13	0.73	0.05403	0.00213	0.17595	0.00662	0.02362	0.00043	165	6	150	3
23	YS2-20	0.29	0.05363	0.00123	0.17361	0.00389	0.02348	0.00037	163	3	150	2
24	YS2-21	0.68	0.05404	0.00114	0.17511	0.00362	0.0235	0.00037	164	3	150	2

序号	测定点号	Th/U	同位素比值						年龄/Ma			
			$^{207}Pb/^{206}Pb$		$^{207}Pb/^{235}U$		$^{206}Pb/^{238}U$		$^{207}Pb/^{235}U$		$^{206}Pb/^{238}U$	
			比值	1σ	比值	1σ	比值	1σ	年龄	1σ	年龄	1σ
25	YS2-22	0.2	0.05411	0.00145	0.17355	0.00448	0.02327	0.00035	162	4	148	2
26	YS2-24	0.47	0.05185	0.00087	0.16802	0.00279	0.02351	0.00033	158	2	150	2
27	YS2-25	0.73	0.04875	0.00212	0.16558	0.0069	0.02465	0.00047	156	6	157	3
28	YS2-27	0.68	0.0493	0.00101	0.16577	0.00333	0.0244	0.00036	156	3	155	2
29	YS2-28	0.41	0.05052	0.00093	0.16862	0.00304	0.02422	0.00034	158	3	154	2
30	YS2-29	0.13	0.05554	0.0019	0.17833	0.00544	0.02329	0.00036	167	5	148	2
31	YS2-31	0.67	0.05406	0.00105	0.17544	0.00334	0.02356	0.00035	164	3	150	2

C　岩石蚀变类型

矿区花岗岩的蚀变类型主要有钠长石化、云英岩化、绢云母化、绿泥石化和碳酸盐化等。

钠长石化：钠长石化是矿区花岗岩中分布最广、交代最强烈的一种蚀变类型。它往往伴随有锂云母化、黄玉化。与其共生的矿石矿物有锂云母、铌钽锰矿、细晶石、含钽锡石和富铪锆石。

云英岩化：是继钠长石化之后发生的以石英和细鳞云母（包括黄玉）交代为主的蚀变类型，它往往局部交代钠长石化锂云母化花岗岩。交代强烈者变成云英岩。与云英岩化有关的矿物除钠长石化阶段有关的稀有金属矿物外，还见较多的绿柱石，说明区内铍矿化主要与云英岩化有关。

绢云母化：以形成较多绢云母、伴有少量石英或碳酸盐的一种蚀变。与绢云母化有成生联系的主要为黄铁矿、黄铜矿等金属硫化物。

绿泥石-碳酸盐化：绿泥石化、碳酸盐化常常同时发生，以填隙式或交代某种矿物形式产于中钠长石化锂云母化花岗岩中。有时与黝帘石化、萤石化伴生。该组合蚀变与闪锌矿、方铅矿、黄铁矿等硫化物矿化有关。

D　地球化学特征

地球化学特征显示，宜春雅山岩体是一种亚碱性强过铝质的花岗岩，岩体中富集 Li、F 和 P_2O_5，从矿床的深部到浅部的四个岩相带 Al_2O_3 和 Na_2O 的含量总体上逐渐增加，而 K_2O、CaO、Fe_2O_3 等的含量逐渐降低；与原始地幔组分相比较，宜春钽铌锂矿床四个岩性带中的花岗岩富集 Rb、Th、U、K、Nb、Ta、P、Zr、Hf 等元素，亏损 Ba、Sr、Ti、Y 和 RE。自矿床深部到浅部，Rb/Sr 和 Rb/Ba 的值不断增大，而 Nb/Ta 和 Zr/Hf 的值则不断减小，特别是到了含锂白云母-钠长石花岗岩带后，Rb/Sr 的值迅速增大，Nb/Ta 的值迅速减小；宜春钽铌锂矿床四个岩性带中稀土元素具有含量低且变化范围广的特点 $[(0.40 \sim 116.42) \times 10^{-6}]$，从矿床的深部到浅部稀土元素的总量逐渐减少。四个岩性带中的稀土元素具有相同的稀土配分形式曲线，并且都具有强烈的 Eu 的负异常。稀土元素球粒陨石标准化配分形式呈现明显的四分组效应。

E　同位素特征

杨泽黎等（2014）对雅山复式岩体开展了 Nd-Hf 同位素分析，其结果表明，雅山岩体中二云母花岗岩和含锂白云母-钠长石花岗岩具有低的 $\varepsilon_{Nd}(t)$ 值（$-9.5 \sim -10.7$），岩体二阶段 Nd 模式年龄 $T_{DM2} = 1.79 \sim 1.81Ga$，指示其应主要起源于基底地壳中变质泥质岩的部分熔融。二云母锆石 $^{176}Hf/^{177}Hf$ 变化于 $0.282267 \sim 0.282589$ 之间，相应的 $\varepsilon_{Hf}(t)$ 值为 $-3.4 \sim -14.8$，二阶段 Hf 模式年龄 $T_{DM2(Hf)} = 1.41 \sim 2.12Ga$；含锂云母-钠长石花岗岩锆石 $^{176}Hf/^{177}Hf$ 变化在 $0.282288 \sim 0.282704$ 的范围内，$\varepsilon_{Hf}(t)$ 值为 $0.7 \sim -14.1$，$T_{DM2(Hf)} = 1.15 \sim 2.08Ga$。二者 Hf 同位素特征表明，雅山岩体形成过程中有幔源或初生地壳组成的加入。

F　矿石矿物

矿石类型有原生钽铌矿和残坡积型砂矿两种，其中原生矿约占全区储量的 99.2%。矿石品级分为富矿体（Ta_2O_5 含量大于 0.01%）、贫矿体（Ta_2O_5 含量为 0.008% ~ 0.01%）和二级贫矿体（Ta_2O_5 含量小于 0.008%）。矿石矿物有富锰铌钽铁矿、细晶石，含钽锡石、锂云母、绿柱石等；脉石矿物主要为石英、钠长石、黄玉等。主矿体中主要工业矿物变化特点：上部富矿体以富锰铌钽铁矿和细晶石、锂云母为主，并有少量黑色锡石、铯榴石、绿柱石等，下部贫矿体或二级贫矿体矿物成分复杂，以富锰铌钽铁矿、锂云母或锂白云母为主，并有少量细晶石、浅色锡石、铯榴石和含锡钛钽铌矿等，硫化物增多。矿石呈浸染状、晶粒结构，结构致密，块状构造。矿石中铌钽矿物呈细粒浸染状产出，属细粒嵌布，富锰铌钽铁矿、含钽锡石粒度较粗，细晶石粒度较细，在强钠长石化中粒度较粗。

G　含磷矿物

雅山复式岩体是典型是富磷岩体，P_2O_5 含量平均为 0.56%，磷锂铝石 $[LiAl(PO_4)F]$ 和长石矿物是雅山复式岩体中磷的主要赋存矿物，其他磷酸盐矿物如独居石、磷钇矿以及磷灰石比较少见（黄小龙和王汝成，1998；黄小龙等，2001）。此外，雅山复式岩体中还出现了富磷锆石和铍的磷酸盐矿物（车旭东等，2007；黄小龙和王汝成，2000）。

富磷长石：黄玉-锂云母花岗岩中的钠长石和钾长石都含有较高含量的 P_2O_5，P_2O_5 含量主要分布在 0.10% ~ 0.35% 之间，最大值可达 0.93%。长石中磷的总体分布特征为：（1）同一样品不同长石颗粒、同一颗粒不同部位，磷含量的变化幅度很大；（2）同一样品中，往往钠长石比钾长石含有更高含量的磷；（3）有些钾长石中具有钠长石条纹出溶，这些钠长石条纹的磷含量则明显高于其相邻的钾长石主晶；（4）在长石矿物中会发现一些磷灰石微包裹体，可能是长石铝硅有序化时释放的结构磷与流体介质所携带的钙结合在原位形成的，因为在磷灰石微包裹体周围长石的磷含量略有降低；（5）与磷酸盐矿物相连的长石具有明显高的磷含量；（6）与早阶段形成的钠长石斑晶相比，晚阶段形成的细板条状钠长石的磷含量更高。

磷铝锂石：磷铝锂石系列包括氟磷铝锂石端（$LiAlPO_4F$）和羟磷锂铝石（montebrasite，$LiAlPO_4OH$）。它是稀有金属花岗岩和花岗伟晶岩中常见的原生磷酸盐矿物。在宜春花岗岩的地表样品及钻孔剖面的中部普遍出现了的磷铝锂石。它可呈不规则状充填于长石矿物或云母矿物的间隙中。此外，磷铝锂石与铍磷酸盐矿物还具有密切共生关系，如磷铝锂石与羟磷铍钙石共生呈不规则状团块出现于钠长石的间隙处。

作为岩体中两个磷的主要赋存矿物，富磷长石和磷铝锂石互相之间呈互补关系，当出现磷铝锂石时，磷铝锂石是全岩磷的主要贡献者，当无磷铝锂石时，长石矿物为全岩磷的主要贡献者。

磷灰石：磷灰石 $[Ca_5(PO_4)_3(F, Cl, OH)]$ 是花岗岩中最常见的磷酸盐副矿物，其化学成分与岩浆结晶环境有密切的关系。磷灰石在宜春花岗岩中较为少见，按其产出状况可分为两种：（1）磷灰石呈他形，与羟磷铍钙石、磷铝钠石等磷酸盐矿物共生，构成典型的磷酸盐矿物组合，充填于钠长石的矿物间隙（晶间充填），为岩浆演化较晚阶段的产物，是宜春花岗岩中磷灰石的主要存在形式；（2）磷灰石单独晶出，与钠长石、白云母等硅酸盐矿物共生，或充填其间隙，磷灰石偶尔也被包裹在钠长石中。除此之外，磷灰石也可呈细粒（粒径约10μm）他形颗粒，沿长石解理分布，显示次生成因特征。

富磷锆石：锆石是雅山复式花岗岩的副矿物之一，除了高度富铪和铀以外，还表现出显著富集磷的特征，P_2O_5 含量在 0.23% ~ 4.95% 的范围内，富磷锆石是岩浆高度演化的结果，可以视为高磷花岗岩的一种特征矿物。

羟磷铍钙石：羟磷铍钙石 $[CaBe(PO_4)(OH, F)]$ 是花岗岩或花岗伟晶岩中仅次于绿柱石和金绿宝石的常见铍矿物。在宜春黄玉-锂云母花岗岩中，无论是钻孔样品，还是近地表样品中都发现了羟磷铍钙石。羟磷铍钙石粒径变化较大，从几微米到100μm以上不等。根据共生矿物种类，羟磷铍钙石的产状可分为四种：

（1）羟磷铍钙石单独出现在钠长石晶间或钠长石、白云母和石英等造岩矿物的间隙；

（2）羟磷铍钙石呈不规则状与磷灰石、磷铝钠石、锂霞石等矿物共生形成磷酸盐团块，充填于其他主要造岩矿物（主要为钠长石，有时为白云母）的间隙，这是宜春黄玉-锂云母花岗岩中羟磷铍钙石的主要产状；

（3）羟磷铍钙石呈不规则状和羟磷铝锂石紧密共生，充填于其他矿物（主要为钠长石、钾长石或白云母）的间隙；

（4）羟磷铍钙石与磷钠铍石共生，充填在钠长石、白云母之间，此时羟磷铍钙石颗粒较大达几百微米。

磷钠铍石：磷钠铍石［$BeNa(PO_4)$］是非常罕见的磷酸盐矿物，在宜春黄玉-花岗岩中也仅在地表样品中偶尔见到，它与羟磷铍钙石共生形成典型的铍磷酸盐组合，充填在钠长石、白云母之间，其颗粒较小，晶形不规则。

H　成矿模型

雅山岩体所在的华南板块在印支期处于华北地块与印支地块之间，三者于 220~240Ma 发生碰撞并拼接在一起（毛景文等，2007、2008），推测 Izanagi（伊泽奈奇）板块在 180Ma 左右从南东方向向北西方向俯冲，导致大陆加厚。板块持续俯冲造山的同时大陆地壳也在不断地加厚，而在弧后地区则出现一系列的 NE 向深大断裂。南岭及其邻区的加厚地壳在部分熔融作用下形成过铝质的花岗岩浆，在 150~160Ma 期间，地壳部分熔融形成的强过铝质岩浆和少量地幔岩浆沿着 NE 向深大断裂与 EW 向古老深大断裂的交汇部位发生大规模的侵位。

地壳部分熔融形成的强过铝质岩浆和少量地幔岩浆形成的混合岩浆在侵位后，随着周围环境中温度、压力等物理化学条件的变化而发生结晶分异演化。岩石地球化学分析的结果表明宜春雅山岩体的结晶分异程度非常高。雅山岩体能够进行高度的分异演化主要受两个方面的影响：一方面，岩浆体系中富集 Li、F 等挥发分；另一方面，上覆围岩的相对密闭环境阻止了挥发分和成矿物质的散失，也使得岩浆能进行高度的分异演化。

在岩浆结晶分异过程中，受元素分配系数的控制，不相容元素 F、P、Li、Ta、Nb 等分配进入熔体相中。熔体包裹体的均一实验结果显示：宜春雅山花岗岩浆至少在 920℃ 已经开始固结，而直到 570℃ 左右才完全固结。上述不相容元素在不断的结晶分异演化过程中得到进一步的富集。最终，在雅山复式岩体的顶部锂云母钠长石花岗岩带中形成 Ta、Nb 的矿化，以及形成大量富 Li 的矿物（锂云母）。根据花岗质熔体中初始 H_2O 含量的估算结果，宜春钽铌锂矿床中二云母花岗岩岩带中初始 H_2O 含量（质量分数）为 2%，并且随着结晶分异程度的增高，H_2O 含量自矿床深部至浅部逐渐增加，在矿床的顶部形成似伟晶岩壳。在侵入岩浆和围岩接触的地带，由于温度和压力都发生大幅度的降低，导致熔体中 H_2O 含量达到饱和而从熔体中出溶出来，出溶的流体与已固结的锂云母钠长石花岗岩发生接触热蚀变，在似伟晶岩带与锂云母钠长石花岗岩带接触区域形成云英岩（图1-4）。

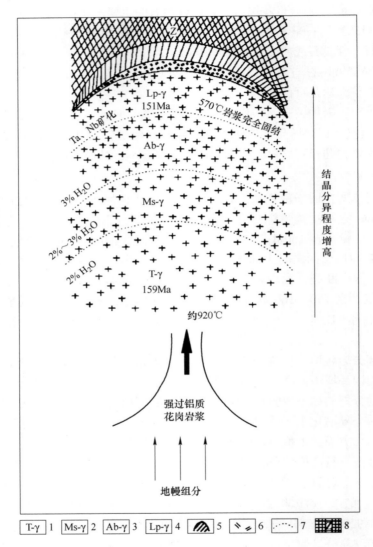

图 1-4　宜春 414 矿床成矿模式图

1—二云母花岗岩；2—白云母花岗岩；3—钠长石花岗岩；4—锂云母钠长石花岗岩；
5—似伟晶岩壳；6—云英岩化带；7—岩相界线；8—震旦系变质岩

1.3.1.2　南平31号花岗伟晶岩

南平地处福建省北部，武夷山脉北段东南侧，位于闽、浙、赣三省交界处，俗称"闽北"，地理上介于北纬 26°15′~28°19′、东经 117°00′~119°17′之间。南平地区蕴藏着很多稀有金属和非金属矿产资源，尤以富含稀有金属 Nb、Ta、Sn 的花岗伟晶岩而闻名于世，是我国罕见的特大型铌钽锡矿床和中型锡矿床（铌钽矿床伴生矿）。南平地区的花岗伟晶岩位于闽西北加里东褶皱带内，分布在长约 35km、宽约 7km 的一条北北东向带上。目前，已查明伟晶岩脉 500 余条，伟晶岩由北向南密集分布于石笋坑、溪源头、西坑、西芹、留墩、秋竹窝、金龙岩及下柳园等地（图 1-5）。规模较大的伟晶岩脉有西坑南矿段 2、6、14 号岩脉和溪源头南矿段 31、51、52 号岩脉，其他脉体零星分布，规模小。其中 31 号花岗伟晶岩是南平花岗伟晶岩中分异程度最高，Nb、Ta、Sn 矿化最强的伟晶岩。

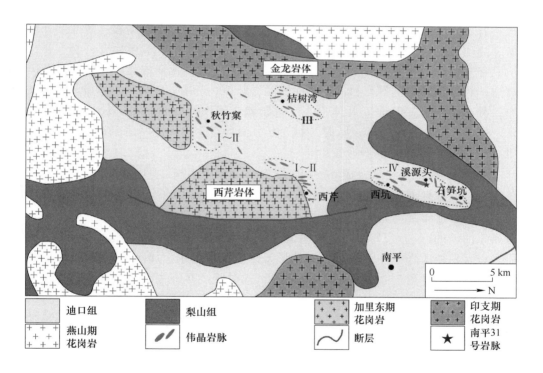

图 1-5 南平伟晶岩区域地质略图

A 区域地质特征

南平地区构造上位于华南褶皱区东部，闽西北隆起带与闽西南拗陷带交界处靠北东向的政和—大埔断裂带一侧。区内出露的地层主要为震旦系变质岩和侏罗系陆相沉积—火山岩，同时晚泥盆世—早三叠世地层均为小面积或零星分布。震旦系变质岩由老至新分为迪口组（AnZd）、龙北溪组（AnZl）、大岭组（AnZdl）、麻源组（AnZm）和吴垱组（AnZw），主要分布于南平安丰桥—沙县下柳源一带。麻源组分布于西坑、西芹至西南部的沙县下柳源一带，出露面积最大，岩性为斜长变粒岩、云母石英（斜长）片岩、石英（斜长）云母片岩和云母片岩，为南平伟晶岩脉的主要围岩。区内褶皱和断裂比较发育，南平复式向斜为变质岩系地层复式褶皱的一级构造，呈北东东和北北东两组走向，北北东组褶皱构造由一系列相间的向斜、背斜组成，北起安丰桥，南至郑湖一带，控制南平伟晶岩的形成。复式向斜的次级褶皱极为发育，主要有北东向和南北向两组，改造早期褶皱而呈"S"形展布。北东向次级褶皱主要有上村背斜、东山坪向斜、留地背斜等；南北向次级褶皱有石笋坑背斜、溪源头背斜、西坑背斜等。次级褶皱中还发育有更低序次的褶皱，尤其在低序次褶皱的轴—翼转折处以及倾伏形变处，伟晶岩尤为发育。断裂构造主要有近南北向、北东向及北西向三组，对区内地层有不同的破坏作用。侵入岩分布广泛，主要为加里东期花岗岩、海西期花岗岩和燕山早期花岗岩，以燕山早期黑云母花岗岩分布最广，规模最大。

在变质岩系地层中，脉岩也很发育，主要有早期的花岗伟晶岩和晚期的花岗斑岩、辉绿（玢）岩等。目前已查明伟晶岩脉 500 余条，伟晶岩总体呈北北东展布，分布面积约 250km^2。脉体形态以透镜状、不规则脉状为主，长几米至数百米，厚几十厘米至几十米；脉群（组）长几百米至 1300m，厚达 58m。

B　31 号花岗伟晶岩地质特征

南平 31 号花岗伟晶岩脉位于西坑溪源头南矿段中部（图 1-5），是南平花岗伟晶岩中分异程度最好的岩脉。锆石和铌铁矿的 U-Pb 定年结果表明，31 号花岗伟晶岩的形成年龄约为 387Ma（图 1-6）（Tang et al.，2017），暗示其是中泥盆世岩浆活动的产物。31 号伟晶岩从北至南共分 7 个矿体，整体呈北北东走向，侵入震旦系变质岩中（图 1-7）。脉体形态以透镜状为主，局部具膨胀收缩现象，长 300～600m，宽 5～6m，平均深度约 90m。受晚期热液蚀变以及韧性剪切作用强烈，原始结晶分异形成的矿物组合分带保留较少。岩脉内部矿物组合较复杂，带状构造较为明显。图 1-7b 为 31 号花岗伟晶岩脉平硐 211 线（海拔 515m）的典型内部结构示意图。根据岩石结构特征和矿物组合特征，岩脉由边缘到中央分为 5 个共生-结构带：Ⅰ. 石英-钠长石-白云母带、Ⅱ. 糖粒状钠长石带、Ⅲ. 石英-叶钠长石-锂辉石带、Ⅳ. 石英-锂辉石-磷锂铝石带和 Ⅴ. 石英-钾长石带。

从平硐 211 线内部结构示意图（图 1-7b）可以看出，岩脉内部结构比较复杂，呈不对称状分带，不同结构带中的造岩矿物和副矿物展示不同的共生组合特征。Ⅰ带为一个不连续的薄壳分布于脉体的边缘，与围岩呈突变接触；该结构带主要由石英（40%～60%）、白云母（30%～40%）和钠长石（10%～25%）组成（体积分数），稀有金属矿物主要有锡石铌铁矿族矿物、锆石和绿柱石。Ⅱ带以糖粒状钠长石为典型特征，呈不连续分布于Ⅰ带中、Ⅰ带内侧或者与Ⅳ带直接接触，并与Ⅰ带呈不规则的突变关系；根据样品的特征，可将Ⅱ带进一步细分为

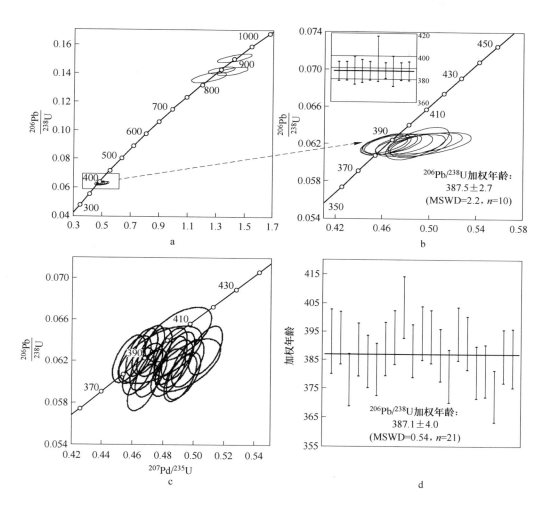

图 1-6　南平 31 号花岗伟晶岩的锆石（a、b）和铌铁矿（c、d）U-Pb 年龄（Ma）

Ⅱa 和Ⅱb 两个亚带，其中Ⅱa 带主要由糖粒状钠长石组成（体积分数大于90%），暗色矿物较少，而Ⅱb 带主要由石英（10%）、钠长石（30%）和绿色白云母（50%）组成（体积分数），大量锡石小晶体以及铌钽矿物出现在Ⅱa 和Ⅱb 之间的过渡带内。Ⅲ带主要由薄片状钠长石和石英组成，锂辉石出现在Ⅲ带内侧，有少量的白云母、磷锂铝石和钾长石，其他的矿物主要有铌铁矿族矿物、锡锰钽矿、锡石、重钽铁矿、细晶石、锆石和绿柱石。Ⅳ带位于岩脉的中部，以粗粒石英、锂辉石和磷锂铝石为主，其中磷锂铝石常被晚期流体交代，形成磷灰石、柱磷锶锂矿、天蓝石等次生磷酸盐矿物，主要稀有金属矿物有铌铁矿族矿物、锡锰钽矿、锡石、重钽铁矿、细晶石、富铯绿柱石和铯沸石。Ⅴ带主要由块

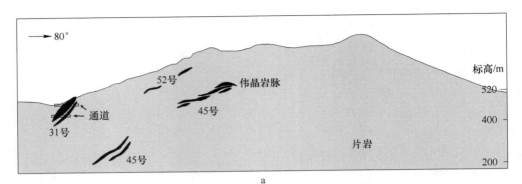

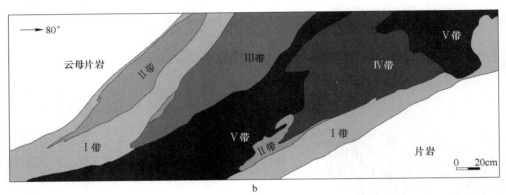

图 1-7 南平 31 号伟晶岩剖面图（a）以及内部结构示意图（b）

Ⅰ带—石英钠长石白云母带；Ⅱ带—糖状钠长石白云母带；Ⅲ带—粗粒石英钠长石锂辉石带；

Ⅳ带—石英锂辉石带；Ⅴ带—块状石英钾长石带

状石英和钾长石组成，有少量铌铁矿族矿物出现。

C 矿石矿物

南平花岗伟晶岩以富含稀有金属 Nb、Ta 和 Sn 而闻名于世，是我国重要的铌钽锡矿床。

铌铁矿族矿物：铌铁矿族矿物是稀有金属花岗岩和花岗伟晶岩中最重要的铌钽矿物，其化学通式为 AB_2O_6，其中 A 位主要由 Fe 和 Mn 占据，B 位由 Nb 和 Ta 占据，其次，铌铁矿族矿物还含少量的其他金属离子，如 Ti、Sn、W 和 Sc，主要替换结构中的 Nb 和 Ta。铌铁矿族矿物呈零散颗粒分布于岩脉的不同结构带中，总体上Ⅳ带和Ⅴ带的铌铁矿族矿物较多，晶体颗粒相对较大，Ⅰ~Ⅲ带中的铌铁矿族矿物颗粒较小，相对较少。不同的结构带中，铌铁矿族矿物在形态、产状、共生组合、丰度以及化学成分上存在一定的差异。铌铁矿族矿物还以出溶包裹体的形式存在于Ⅳ带的锡石中。

锡锰钽矿：锡锰钽矿（wodginite）最早发现于澳大利亚，当时认为是一种富Sn、Mn 的钽酸盐，理想化学成分为（Mn, Fe, Li）$_4$（Sn, Ti）$_4$（Ta, Nb）$_8$O$_{32}$。锡锰钽矿族矿物主要以分散颗粒零散分布于 I 带至 IV 带。在不同的结构带中，锡锰钽矿族矿物在形态、产状、共生组合、丰度以及化学成分上存在一定的差异。

I 带中锡锰钽矿族矿物较少，主要有两种产状：一种呈他形，颗粒大小在 2~10μm 之间，分布于石英与白云母晶间的钽铁矿中，钽铁矿沿裂隙受到晚期流体的交代作用，锡锰钽矿主要沿钽铁矿的裂隙分布；另一种呈分散颗粒，颗粒大小在 10~50μm 之间，分布于白云母中，与钽铁矿、细晶石等矿物共生。

II 带锡锰钽矿族矿物相对于 I 带较多，与锡石、铌铁矿族矿物等一起分布于 II a 带与 II b 带之间的过渡带中。主要有两种产状：一种与重钽铁矿共生，颗粒大小在 20~50μm 之间，分布于糖粒状钠长石中，与锡石、钽铁矿等矿物共生；另一种呈半自形的分散颗粒，颗粒大小在 10~15μm 之间，与重钽铁矿一起环绕锡石生长，分布于糖粒状钠长石晶间或者白云母与钠长石之间。

III 带锡锰钽矿族矿物主要有两种产状：一种呈分散颗粒，颗粒大小在 10μm 左右，分布于叶钠长石中；另一种呈半自形晶体，颗粒大小在 10~50μm 之间，与锡石共生，分布于叶钠长石中，部分锡锰钽矿分布于锡石中，共生的副矿物还有重钽铁矿、钽锰矿、细晶石、锆石、绿柱石等。

锡锰钽矿主要出现在 IV 带，呈半自形到自形晶体，颗粒大小在 20μm~2cm 之间，分布于块状锂辉石中，共生的副矿物主要有锡石、铌铁（锰）矿、重钽铁矿、细晶石等。同时，锡锰钽矿还与铌铁矿族矿物和少量重钽铁矿，以微小包裹体的形式存在于 IV 带中锡石之中。

重钽铁矿：重钽铁矿是一种罕见的富钽矿物，其晶体化学式为 FeTa$_2$O$_6$。31 号花岗伟晶岩中，重钽铁矿主要以分散颗粒和出溶包裹体两种形式出现在各个结构带中。

在 I 带中，重钽铁矿较少，呈他形，颗粒大小在 10μm 左右，常被晚期的细晶石交代，分布于石英与白云母晶间，共生的副矿物主要有铌铁矿、锡石、锡锰钽矿、绿柱石等。

II 带重钽铁矿相对于 I 带较多，与锡石、铌铁矿族矿物、锡锰钽矿、绿柱石等一起分布于 II a 带与 II b 带之间的过渡带中。主要有两种产状：一种与锡石共生，分布于糖粒状钠长石中，晚期细晶石沿边缘和裂隙交代重钽铁矿；另一种呈分散颗粒，分布于锡石的周围，或与锡锰钽矿共生，环绕锡石生长。

III 带重钽铁矿呈分散颗粒，颗粒大小在 5~40μm 之间，分布于叶钠长石中或叶钠长石与锂辉石晶间，与钽锰矿、锡锰钽矿、锆石、锡石、晶质铀矿等矿物共生，晚期细晶石沿边缘交代重钽铁矿。

在 IV 带中，重钽铁矿呈他形至半自形，颗粒比较多，颗粒大，粒径一般在

$50\mu m$ 左右，个别晶体粒径达 $300\mu m$，分布于锂辉石中。细晶石沿裂隙交代重钽铁矿，与重钽铁矿共生的副矿物主要有铌铁矿族矿物、锡锰钽矿、锡石、绿柱石、磷灰石等。

细晶石：细晶石是烧绿石族矿物中的亚类，主要出现在花岗岩或者花岗伟晶岩中，其理想化学式为 $(Na,Ca)_6(Ta,Nb,Ti)_2O_6(OH,F,O)$。在南平 31 号花岗伟晶岩脉中，细晶石主要有两种产状：一种呈粒状集合体，沿裂隙交代重钽铁矿，或沿Ⅳ带锡石的裂隙分布；另一种为铀细晶石，分散于Ⅱ带叶钠长石晶间，粒径在 $100\mu m$ 左右。

锡石：锡石是花岗岩，尤其是花岗伟晶岩中最重要的锡矿物，化学成分上，除了主要成分 SnO_2 外，还含 Nb、Ta、Fe、Mn、Ti、W、Zr、Sc 等微量元素。锡石颗粒主要在 31 号花岗伟晶岩脉的Ⅰ带至Ⅳ带中出现，锡石总体为黑色半自形至自形晶体，常常肉眼可见。然而，锡石在该岩脉各个结构带中的分布和形态上有很大差异。Ⅰ带锡石颗粒较少，粒径在 $100\mu m$ 左右，分布于钠长石或石英中；Ⅱ带锡石分布于糖粒状钠长石（Ⅱa 带）与细鳞白云母（Ⅱb 带）之间，锡石颗粒呈半自形至自形，粒径在 $1mm$ 左右，与钽铁矿、锡锰钽矿、重钽铁矿等共生；Ⅲ带锡石颗粒分散于叶钠长石晶间，与钽锰矿、重钽铁矿、细晶石等共生；Ⅳ带锡石晶体比较大，粒径最大为 $0.5cm$，主要分布于锂辉石中，与铌铁矿、锡锰钽矿、重钽铁矿等共生。

D　含磷矿物

南平花岗伟晶岩是典型的富磷伟晶岩，具有丰富的磷酸盐矿物。目前已经发现 22 种磷酸盐矿物，其中，国内首次发现的磷酸盐矿物 14 种。磷酸盐矿物贯穿整个花岗伟晶岩的岩浆-热液结晶分异阶段，同时还形成于晚期热液流体对主体矿物蚀变阶段，其中原生的磷酸盐矿物有独居石、磷钇矿、氟磷灰石、羟磷锂铝石、磷铝锂矿和磷铝锰石等，而次生磷酸盐矿物包括羟氟磷灰石、羟磷锂铝石、磷铝锰石、光彩石、柱磷锶锂矿、磷锶铝石、磷铍钙石、红磷锰铍石、天蓝石、蓝铁矿、磷锂铁矿等。

磷灰石：在南平 31 号花岗伟晶岩中，磷灰石比较复杂，在各结构带中均有分布。根据产状，磷灰石可分成原生和次生两大类。原生磷灰石呈自形的粒状-短柱状，暗绿色-浅灰绿色，粒径一般为几个厘米，主要分布于Ⅰ带至Ⅱ带，属于氟磷灰石。原生富氟磷灰石呈不规则集合体分布于石英和云母之间，被晚期的云母和石英所交代。次生磷灰石主要分布于Ⅲ带和Ⅳ带，在产状和成分上均比原生磷灰石复杂得多，主要为原生磷酸盐矿物的蚀变产物，在化学成分上富 Sr、Mn 等元素。同时，更多的次生磷灰石是羟磷锂铝石的蚀变产物。

羟磷铝锂石：在南平 31 号花岗伟晶岩中，羟磷锂铝石晶体异常较大，但其晶形不完整，呈块状产出，主要分布在岩脉的中部。相对于羟磷锂铝石，磷锂铝石较少，零散分布于岩脉的Ⅰ带至Ⅱ带，少量磷锂铝石分布于Ⅲ带中，与叶钠长石共生，在磷锂铝石的边缘首先被富 Sr 和 Mn 的磷灰石交代，尔后被云母交代。而羟磷锂铝石常常被晚期热液流体交代，形成复杂的次生磷酸盐矿物。

天蓝石：天蓝石 $[MgAl_2(PO_4)_2(HO)_2]$ 是自然界中极为罕见的富镁铝磷酸盐矿物，南平伟晶岩是我国天蓝石的第一个发现地。天蓝石以其独特的天蓝色为典型特征。在南平 31 号伟晶岩脉中，天蓝石呈浅蓝色，或绿蓝色粒状集合体，常交代早期羟磷锂铝石，分布于伟晶岩的Ⅲ带和Ⅳ带中，主要有两种产状：一种呈网脉状交代羟磷锂铝石，与磷灰石共生；另一种呈沿羟磷锂铝石的边缘进行交代，在羟磷锂铝石周围形成天蓝石环边。

磷铝铁钡石：迄今为止，福建南平是我国唯一报道的磷铝铁钡石产地，磷铝铁钡石产于南平溪源头白云母-钠长石-锂辉石型伟晶岩脉体中部，也是世界上已知的第三产地（杨岳清等，1986）。磷铝铁钡石在自然界产出甚少，其理想化学式为 $BaFe_2^{2+}Al_2(PO_4)_3(OH)_3$，与磷铝镁钡石和磷铝锰钡石为同一类质同象系列。在南平 31 号伟晶岩脉中，磷铝铁钡石主要产于脉体中部的石英-锂辉石-磷锂铝石带（Ⅳ带），少数出现在石英叶钠长石-锂辉石带（Ⅲ带）。磷铝铁钡石主要有两种产状，一种呈黄绿色不规则粒状集合体交代主矿物；另一种沿主矿物裂隙呈墨绿色脉状分布。

柱磷锶锂矿和磷铝钙锂石：柱磷锶锂矿和磷铝钙锂石在自然界中十分罕见，为锶-钙类质同象系列的两个端元矿物，其理想化学通式为 $Li_2(Sr,Ca)Al_4(PO_4)_4(OH)_4$。柱磷锶锂矿-磷铝钙锂石主要出现在南平伟晶岩 31 号花岗伟晶岩脉的Ⅳ带，主要为羟磷锂铝石交代蚀变所产生的次生矿物。

E 与花岗岩的关系

目前，普遍认为，花岗伟晶岩是花岗质母岩高度分异结晶晚期的产物，因此，伟晶岩和花岗岩之间具有紧密的成因联系。在南平伟晶岩地区，与空间上与伟晶岩紧密相连的西芹岩体和金龙岩体被认为是伟晶岩的母岩，但最近的研究发现，31 号花岗伟晶岩脉Ⅰ带的结晶年龄为 387Ma，西芹岩体的结晶年龄为 410Ma（Cai et al.，2017a），金龙岩体锆石 U-Pb 年龄为（224.1 ± 3.3）Ma（Cai et al.，2017b）。31 号花岗伟晶岩脉与金龙岩体存在着较大的时间间隔，因此两者之间不可能存在着成因联系。尽管西芹岩体和 31 号花岗伟晶岩在时空关系上比较紧密。但两者在锆石 Hf 同位素上存在明显的解耦（图 1-8）。西芹花岗岩锆石的 $\varepsilon_{Hf}(t)$ 值变化于 -0.4 ~ -3.1 之间，其 $T_{DM2(Hf)}$ 为 1.29 ~ 1.46Ga；31 号花岗伟晶岩脉锆石的 $\varepsilon_{Hf}(t)$ 值在 -11.5 ~ -14.8 的范围内，其 $T_{DM2(Hf)}$ 为 1.83 ~ 2.05Ga。两者具有完全不同的 $\varepsilon_{Hf}(t)$ 值和两阶段模式年龄。从物源的角度考虑西芹花岗岩浆是由中元古代火成变质岩和少量沉积变质岩部分熔融形成，而 31 号伟晶岩脉应该是古元古代沉积变质岩部分熔融的产物。它们具有不同的物质来源，因此不可能存在成因联系。

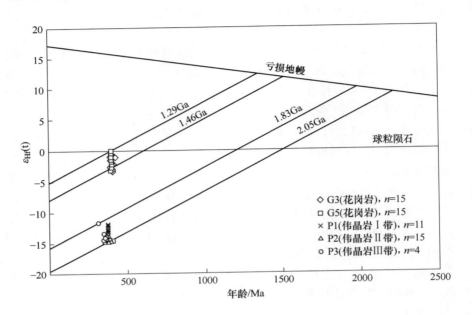

图 1-8　南平花岗岩和 31 号花岗伟晶岩脉锆石年龄和铪同位素图解

1.3.1.3　可可托海 3 号脉稀有金属矿床

阿尔泰可可托海 3 号伟晶岩脉位于新疆富蕴县城北东约 35km 处的可可托海镇，北依额尔齐斯河，东离中蒙边境约 60km，其地理坐标为 N47°12′29.8″，E89°48′59.9″。3 号伟晶岩脉是中亚造山带中的超大型稀有金属矿床，是我国分异最完美的 LCT 型伟晶岩之一，以稀有金属矿种多（Li-Be-Nb-Ta-Cs-Rb-Hf）、规模大为特征。主要有 Be、Li、Nb 和 Ta 矿化，伴有 Cs、Rb、Zr 和 Hf 的矿化。脉体由岩钟体和缓倾斜体组成，岩钟体部分稀有金属保有储量为 4.1 万吨，其中 BeO 储量 0.3 万吨，Li_2O 储量 3.8 万吨，Nb_2O_5 储量 52t，Ta_2O_5 储量 160t。缓倾斜部分稀有金属保有储量为 2.4 万吨，其中 BeO 储量 1.9 万吨，Li_2O 储量 0.5 万吨。

　　A　区域地质特征

可可托海伟晶岩矿田位于阿尔泰中部地体，处于卡拉先格尔断裂与额尔齐斯断裂交合部位。矿区主要出露晚奥陶世的泥砂质岩石和泥盆-石炭纪火山沉积岩变质而成的各类片岩（包括黑云母、二云母、十字石和石榴石片岩）以及片麻岩和混合岩；区内主要的深成岩浆岩为加里东晚期的辉长岩变质形成的斜长角闪岩和海西期的片麻状黑云母花岗岩、斑状黑云母花岗岩和二云母花岗岩。

可可托海 3 号脉矿区地质图如图 1-9 所示。

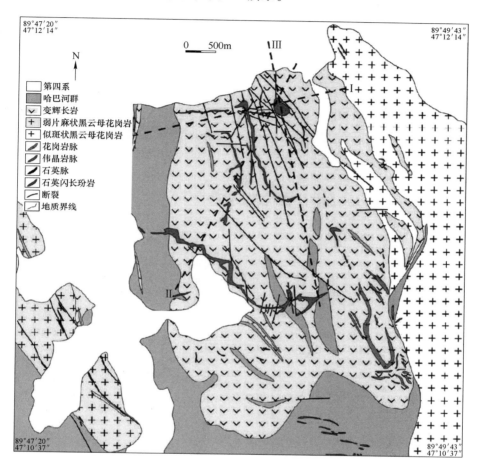

图 1-9　可可托海 3 号脉矿区地质图

（据邹天人等，1986；朱金初等，2000）

B　矿床地质特征

可可托海 3 号伟晶岩脉形态较为复杂，主要由岩钟状体和缓倾斜脉体两部分构成。根据岩石结构特征和特定的矿物共生组合，从脉体边部到核部带可把伟晶岩脉划分出九个结构带（不包括伟晶岩脉的冷凝边带和梳状结构带），构成近同心环带状构造（图 1-10）。从外向里分别为：冷凝边带、梳状结构带、文象变文象伟晶岩带（Ⅰ带）、细粒状钠长石带（Ⅱ带）、块体微斜长石带（Ⅲ带）、白云母-石英带（Ⅳ带）、叶钠长石-锂辉石带（Ⅴ带）、石英-锂辉石带（Ⅵ带）、白云母-薄片状钠长石带（Ⅶ带）、锂云母-薄片状钠长石带（Ⅷ带）、核部块体微斜长石带和石英（Ⅸ）。其中细粒状钠长石带（Ⅱ带）和白云母-石英带（Ⅳ带）是相对不连续的，在空间分布上呈大小不等的巢状、囊状体存在于块体微斜长石带（Ⅲ带）中；在脉体的西侧，局部可见冷凝边内侧发育有电气石化伟晶岩。根据各结构带在平面上出露面积和深度，大致估算出各结构带占整个脉体的体积分数分别为：Ⅰ～Ⅳ带之和约为整个脉体的70%，其中Ⅰ带约占17.7%，Ⅱ带约占15.1%，Ⅲ带约占18.0%，Ⅳ带约占20.0%；Ⅴ～Ⅵ带之和约占整个脉体的23.5%，分别约为14.8%和8.7%；Ⅶ～Ⅸ带之和不足整个脉体的6%，其中Ⅶ带约为3.3%，Ⅷ带约为0.08%，Ⅸ约为2.4%。缓倾斜部分矿物共生组合相对比较简单，一般由顶部的文象变文象伟晶岩带、中部的细粒状钠长石带和底部的细粒伟晶岩带组成，在脉体膨大部分可划分出七个结构带，分别为：文象变文象伟晶岩带（Ⅰ带）、块体微斜长石带（Ⅱ带）、白云母-石英带（Ⅲ带）、细粒状钠长石带（Ⅳ带）、叶钠长石-石英-锂辉石带（Ⅴ带）、钠长石-锂云母带（Ⅵ带）和细粒伟晶岩带（Ⅶ带）。

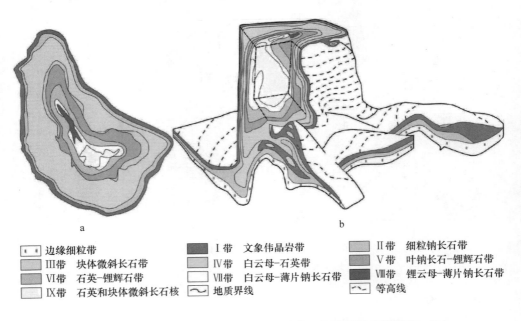

	边缘细粒带		Ⅰ带　文象伟晶岩带		Ⅱ带　细粒钠长石带
	Ⅲ带　块体微斜长石带		Ⅳ带　白云母-石英带		Ⅴ带　叶钠长石-锂辉石带
	Ⅵ带　石英-锂辉石带		Ⅶ带　白云母-薄片钠长石带		Ⅷ带　锂云母-薄片钠长石带
	Ⅸ带　石英和块体微斜长石核		地质界线		等高线

图1-10　3号脉平剖面示意图（a）和3号脉立体示意图（纵剖面）（b）

C　含磷矿物

长石类矿物是储存P的主要矿物之一（London et al.，1990；London，1997；黄小龙等，1998），几乎所有的过铝质伟晶岩中长石均有较高的P_2O_5含量。阿尔泰3号伟晶岩脉各结构带碱性长石的EMPA分析结果表明（表1-6），内部带成分相对比较单一，钠长石成分在An 0.1%～0.7%、Ab 98.8%～99.4%、Or

0.2% ~0.7% 范围，微斜长石成分在 An 0.1% ~0.2%、Ab 3.2% ~5.7%、Or 94.1% ~96.7% 范围；而冷凝边带则由斜长石（An 22.1%、Ab 74.8%、Or 3.2%）和微斜长石（An 9.7%、Ab 23.7%、Or 66.6%）组成，以含有较多的 An 为特征。镜下和野外的观测表明，钠长石成分贯穿于 3 号伟晶岩岩浆演化的全过程。在伟晶岩脉的 Ⅱ、Ⅳ~Ⅷ带中，钠长石是主要的造岩矿物，分别以细粒状（Ⅱ带）、叶片状（Ⅳ~Ⅵ带）和薄片状（Ⅶ~Ⅷ带）形态出现；而在 Ⅰ、Ⅲ 和Ⅸ带中为次要组分，以出溶的条纹、条带存在于微斜长石中，构成微斜条纹长石。

表1-6　阿尔泰3号脉伟晶岩脉各结构带碱性长石中的 P_2O_5 含量（张辉，2001）

结构带	P_2O_5 含量/%				D_P（Kf/Ab）
	微斜长石（Kf）		钠长石（Ab）		
	最大值/最小值	均值	最大值/最小值	均值	
冷凝边带	0.000/0.018	0.005	0.000/0.024	0.007	0.71
梳状结构带	0.125/0.619	0.419	0.099/0.503	0.219	1.91
Ⅰ带	0.119/0.399	0.223	0.002/0.262	0.087	256
Ⅱ带	0.014/0.123	0.079	0.000/0.197	0.094	0.84
Ⅲ带	0.069/0.262	0.210	0.008/0.254	0.102	2.06
Ⅳ带	0.147/0.558	0.311	0.000/0.311	0.095	3.27
Ⅴ带	—	—	0.000/0.252	0.129	—
Ⅵ带	—	—	0.031/0.218	0.126	—
Ⅶ带	—	—	0.008/0.267	0.129	—
Ⅷ带	—	—	0.183/0.230	0.197	—
核部带	0.299/0.644	0.495	0.000/1.084	0.221	2.24

各结构带碱性长石中磷含量的电子探针分析结果显示，长石中 P 含量（质量分数）变化于 0.0% ~1.08% 较大的范围内，其中微斜长石中的 P 含量主要分布于 0.0% ~0.644% 之间，钠长石中 P 含量则变化于 0.0% ~1.084% 范围内，但总体存在微斜长石中 P 含量大于钠长石中 P 含量的变化趋势。从整个 3 号脉来说，冷凝边带和细粒状钠长石带中碱性长石具有全脉最低的 P 含量以及小于 1 的 D_P 值（P 在微斜长石/钠长石间的分配系数）。在冷凝边带中，微斜长石中的 P 含量（质量分数）分布于 0.0% ~0.018% 之间，平均为 0.005%；斜长石中的 P 含量变化于 0.0% ~0.024%，平均为 0.007%。在细粒状钠长石带中，微斜长石中 P 含量介于 0.014% ~0.123% 范围内，平均含有 0.079%，钠长石中 P 含量变化

于 0.0% ~ 0.197% ，均值为 0.094% 。与此对照，3 号伟晶岩脉梳状结构带和核部的微斜长石带的碱性长石具有最大含量的 P，并以较大的 D_P（1.9 ~ 2.2）为特征。其中梳状结构带中的微斜长石具有 0.125% ~ 0.619% 的 P_2O_5（平均为 0.419%），钠长石含有 0.099% ~ 0.503% 的 P_2O_5（平均为 0.219%）；而核部的块体微斜长石带的微斜长石中的 P 含量分布于 0.299% ~ 0.644%（平均为 0.495%）之间，钠长石中 P 含量变化于 0.0% ~ 1.084% 的较大范围内（平均为 0.221%）。

D　碱性长石中磷含量变化与岩浆演化的关系

由图 1-11 可见，碱性长石中 P 含量随着阿尔泰 3 号伟晶岩脉分异演化显示出逐渐增大的趋势，如微斜长石中 P 含量由梳状结构带的 0.42% 降至 Ⅰ 带的 0.22% 再降至 Ⅱ 带的 0.08% ，然后升至 Ⅲ 带的 0.10% 再升至 Ⅳ 带的 0.31% ，最后在核部带达到最大值 0.5% 。这种演化趋势在细粒状钠长石带（Ⅱ带）形成后变得尤其明显。对于这种碱性长石中 P 含量显示降低的趋势，我们认为与岩浆体系中磷灰石矿物的结晶密切相关。冷凝边带全岩组成显示出高的 CaO、P_2O_5 含量，一方面指示在伟晶岩岩浆侵位中有围岩物质混入，另一方面暗示初始岩浆中存在高活度的 Ca 和 P 组分。由于磷灰石达到过饱和而从岩浆中大量晶出，从而限制了残余熔体中的 P 含量，导致冷凝边带晶出的微斜长石和斜长石中的 P 含量较低。此外，3 号伟晶岩脉冷凝边全岩中低的 REE 含量暗示即使有少量磷钇矿、独居石矿物的形成，也不至于对熔体相中 P 起很大的缓冲作用。当冷凝边带形成后，岩浆体系仍处于过冷状态，而梳状结构带是岩浆体系在不平衡条件下快速结晶的产物（London et al. ，1989；London，1992）。由于在形成冷凝边中大量磷灰石结晶消耗了大量的 Ca，使得残余熔体相中 Ca 活度极大降低，在演化至梳状结构带形成时，体系中磷灰石达不到饱和，由此大量的 P 进入了碱性长石的晶格中。在文象变文象伟晶岩带形成过程中，可能体系中 Ca 活度重新达到一定的量，体系中进一步析出少量的磷灰石，使得熔体相中 P 含量再次降低，导致碱性长石中 P 含量降低。在 3 号伟晶岩脉 Ⅰ 带形成后，可能过冷状态得以部分缓解，岩浆体系发生富 Si 和富 P 两液相不混溶现象。由于碱土金属（Be、Ca、Mg、Sr、Ba）、过渡族元素（Mn、Cr、Ti）、不相容元素（Nb、Ta、Zr、Hf、Sn）以及挥发分（B、F）等优先分配进入富 P 熔体相中（Watson，1976；Webster et al. ，1997），导致大量磷灰石、绿柱石、锰铝榴石和少量铌钽锰矿的结晶，构成了 3 号伟晶岩脉主体 Be（绿柱石）矿化带。而与之对应的富 Si 熔体相因贫 P，使得结晶的细粒状钠长石中具有异常低的 P 含量。细粒状钠长石带中很可能存在两种不同成因的磷灰石。早期从岩浆中结晶的磷灰石具有半自形的形态，以相对均匀的长石中 P 含量为特征（P_2O_5 含量变化于 0.163% ~ 0.196% 之间，与磷灰石矿物距离无关）；而某些明显形成较晚的脉状磷灰石，呈他形，大致沿裂隙分布，以磷灰石周围的钠长石具有显著降低的 P 含量为特征。对于后一种情形，Kontak 等（1996）和

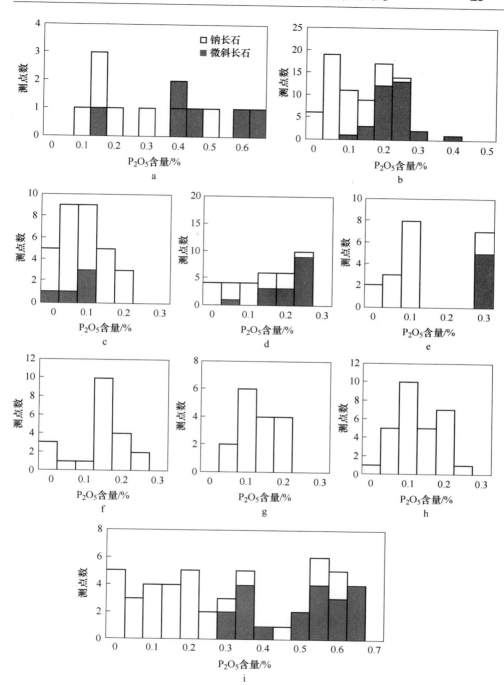

图 1-11 阿尔泰 3 号脉伟晶岩各结构带碱性长石中 P_2O_5 含量分布

a—梳状结构带；b—文象变文象结构带；c—细粒状钠长石带；d—块状微斜长石带；e—石英-白云母带；

f—叶钠长石-锂辉石带；g—石英-锂辉石带；h—薄片状钠长石-白云母带；i—核部微斜长石带

黄小龙等（1998）在研究花岗岩长石中 P 含量时观察到了相似的现象，提出磷灰石的成因是长石矿物 Al-Si 有序化过程释放出长石中的结构 P 与流体介质所携带的 Ca 在原地形成的机制。张辉（2001）研究发现，这些磷灰石周围的碱性长石不仅 P 含量有显著的降低，而且伴随着 An 成分的明显降低，由此我们认为形成这类磷灰石所需要的 P、Ca 组分，可能主要由碱性长石有序化过程释放的。此外，碱性长石的 EMPA 分析显示，部分石英-白云母带的磷灰石的形成应具相似的机制。在细粒状钠长石带形成后，3 号伟晶岩脉残余岩浆体系可能完全是处于低 Ca 的条件下演化，尽管局部可能会出现磷灰石饱和结晶，但不至于对熔体相中 P 含量变化产生很大的制约，由此使得伟晶岩演化晚期的残余熔体相中 P 极大富集，导致伟晶岩脉核部带结晶的微斜长石中具有最大含量的 P（平均值为

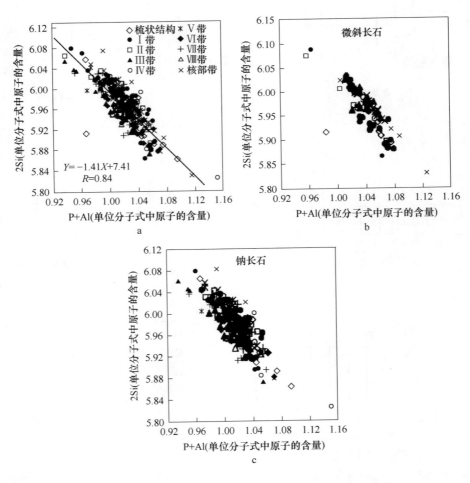

图 1-12　阿尔泰 3 号脉伟晶岩各结构带碱性长石中 P + Al-2Si 相关性

0.5%）。在伟晶岩岩浆由Ⅳ带演化到Ⅶ带过程中，由于体系中 Li 含量逐渐富集，在演化的特定阶段使磷锂铝石、磷锰锂石等得以饱和，它们的晶出可能对岩浆体系中的 P 具有一定的制约，从而使得钠长石中 P 含量产生小的波动式增长变化。

由图 1-12 可见，阿尔泰 3 号伟晶岩脉各结构带碱性长石矿物单位结构式中的 P + Al 阳离子数与 2Si 具有明显的线性负相关性（相关系数 $R = 0.84$），表明 P 是以联合置换方式进入碱性长石结构中的。已有的研究表明，P 在熔体或碱性长石中的行为主要取决于过剩 Al 的可利用性（London et al.，1993；Kontak et al.，1996；Lentz，1997；Mysen et al.，1997），要实现 $PAlSi_{-2}$ 的联合置换，必须满足岩浆是一种过铝质岩浆体系，即岩浆体系中存在大量过剩 Al 是实现上述置换的必要条件。

1.3.2 富磷过铝质岩浆体系的基本特征

通过典型岩体的对比，London（1992）和 Taylor（1992）注意到 Li-F 花岗岩中存在两种具有明显不同地球化学特征的岩体类型，由此划分出高磷和低磷类型。典型低磷类型以 SiO_2 含量大于 73%、Al_2O_3 含量小于 14.5%，较高含量的 REE、Y 和 Th 为特征；典型高磷类型以 SiO_2 含量小于 73%、Al_2O_3 含量大于 14.5%，很低含量的 REE、Y 和 Th 为特征（见表 1-7）。我国学者黄小龙（1999）根据全岩 P_2O_5 含量将华南富氟花岗岩分为高磷亚类和低磷亚类，高磷亚类包括江西雅山和广西栗木、水溪庙等岩体，低磷亚类的代表岩体有江西岩背、湖南癞子岭和千里山等岩体。

表 1-7　富氟花岗质岩石高磷和低磷亚类对比（据 Taylor，1992）

项　目	低 P 亚类	高 P 亚类
主要矿物	石英、钾长石、钠长石、黄玉、含锂云母	
副矿物	锆石、铌金红石、铌钽矿、锡石、独居石	
含 P 矿物	主要为独居石，其他磷酸盐很少	大量磷酸盐：磷灰石、独居石、磷铝锂石
主量元素	P_2O_5 含量小于 0.1%，SiO_2 含量大于 73%，Al_2O_3 含量等于 12% ~ 14.5%，弱过铝质 A/NCK = 1.0 ~ 1.2	P_2O_5 含量大于 0.4%，SiO_2 含量等于 68% ~ 73%，Al_2O_3 含量等于 14.5% ~ 20%，强过铝质 A/NCK = 1.2 ~ 1.5
发挥分（质量分数）	F > 0.4%，Cl < 0.025%，CO_2 < 0.2%	
微量元素	富 Li（250 ~ 2600ppm）、Rb（800 ~ 2400ppm）和 Cs（20 ~ 150ppm）；富亲石元素 Wu（10 ~ 50ppm）、Sn（10 ~ 300ppm）、Nb（30 ~ 120ppm）、Ta（10 ~ 60ppm）。低的或者亏损 V、Cr、Co、Ni、Cu、Sr、Zr、Mo 和 Ba	
稀土元素	ΣREE 含量等于 150 ~ 350ppm，Y 含量等于 60 ~ 160ppm	ΣREE 含量小于 10ppm，Y 含量小于 15ppm

注：1ppm = 10^{-6}。

　　本书统计了国内外 20 多个较为典型的富磷岩体的主量元素和微量元素、稀土元素的含量❶。富磷岩体主量元素含量（质量分数）的变化规律如下：SiO_2 的含量变化于 66% ~87% 之间，其中 91% 分布在 68% ~78% 的范围内（图 1-13a）；Al_2O_3的含量在 9% ~21% 之间，其中 3% 左右小于 11%，而仅有 1% 大于 19%（图 1-13b）；90% 以上的 Na_2O 和 K_2O 含量分别分布在 3% ~7% 和 2% ~6% 之间（图 1-13c、d）；97% 的 P_2O_5 含量大于 0.2%，大多数岩体的 P_2O_5 含量在 0.2% ~0.8% 之间（图1-13e）；F 的含量变化比较大，既可以小于 0.1%，也可以大于 1.6%（图 1-13f）。

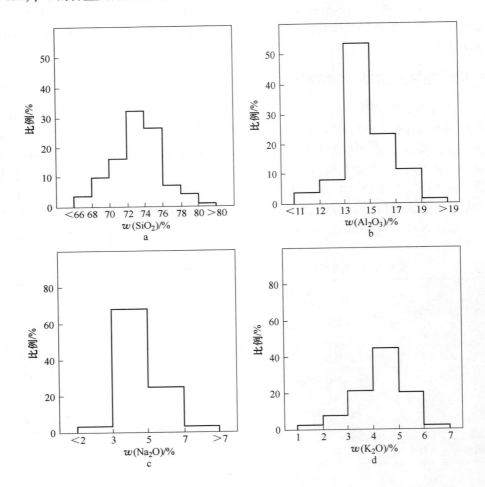

　　❶ 富磷岩体的化学组成引自 Bea et al.（1994）；Broska et al.（2004）；Charoy and Noronha（1996）；Fryda and Breiter（1995）；Kontak（1990）；Lentz（1997）；London et al.（1989）；Mac-Donald and Clarke（1985）；Raimbault and Burol（1998）；Raimbault et al.（1995）；Taylor（1992）；Yin et al.（1995）；王联魁等（2000）。

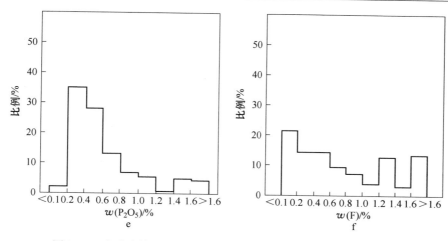

图 1-13　富磷岩体中 SiO_2、Al_2O_3、Na_2O、K_2O、P_2O_5 和 F 的分布

将所有数据进行整合，粗略地计算了富磷岩体的平均化学组成（表 1-8），相对于典型 Li-F 花岗岩组合，富磷岩体除富 P_2O_5 外，还较富 $Na_2O + K_2O$，而低 Al_2O_3、MnO 和 F；与华南、中国和世界花岗岩平均组成相比，富磷岩体明显亏损 TiO_2、MgO、FeO、Fe_2O_3、CaO，富集 Al_2O_3、P_2O_5 和 F。

表 1-8　富磷过铝质岩体的化学组成以及与其他岩体组成对比　　　　（%）

岩石种类	富磷过铝质岩体平均（本书）	典型 Li-F 花岗岩组合[①]	华南花岗岩[①]	中国花岗岩[②]	世界花岗岩[①]
SiO_2	72.81	71.76	72.09	71.63	70.18
TiO_2	0.08	0.03	0.28	0.29	0.39
Al_2O_3	15.14	16.00	13.73	14	14.47
Fe_2O_3	0.45	0.56	0.98	1.28	1.57
FeO	0.86	1.11	1.96	1.75	1.78
MgO	0.19	0.12	0.66	0.88	0.88
MnO	0.08	0.15	0.08	0.06	0.12
CaO	0.50	0.39	1.38	1.73	1.99
Na_2O	4.02	3.52	3.22	3.62	3.48
K_2O	3.77	4.00	4.54	4.09	4.11
P_2O_5	0.54	0.16	0.12	0.09	0.19
F	0.71	1.97	0.12		0.08
$Na_2O + K_2O$	7.79	6.04	7.76	7.71	7.59
A/CNK	1.36	1.85	1.08	1.05	1.05

①王联魁和黄智龙（2000）；②黎彤等（1998）。

微量元素最显著的特征是选择性富集与亏损，主要包括以下几个方面（Taylor，1992）：（1）明显富集 Li、Rb、Cs、Nb、Ta、Sn 和 W；（2）贫乏或亏损 V、Cr、Co、Ni、Cu、Sr、Hf、Mo 和 Ba；（3）具有低的 REE、Y 和 Th 的含量。

富磷碱性长石和富磷副矿物（如富磷锆石、富磷石榴石和富磷黄玉）是富磷过铝质岩体中的主要特征矿物。Simpson（1977）根据实验最先提出磷可以以块磷铝石组分形式（$AlPO_4$）进入到长石结构中，形成高磷钠长石 $NaAl_2PSiO_8$ 和高磷钾长石 KAl_2PSiO_8，这一结论后来得到了实验及岩石地球化学研究的证实（Breiter et al.，2002；Fryda and Breiter，1995；Kontak et al.，1996；London，1992a；London et al.，1990；刘昌实等，1999；黄小龙等，1998）。通常，过铝质花岗岩或伟晶岩中的碱性长石中 P 含量分布于低于检测限至 1.2%（质量分数）的较大范围，其中 60% 以上的碱性长石含有大于 0.3%（质量分数）的 P_2O_5（Breiter et al.，2002；Fryda and Breiter，1995；Kontak et al.，1996；London，1992；London et al.，1990；刘昌实等，1999；黄小龙等，1998）。由于碱性长石是过铝质岩浆岩中主要的造岩矿物，毫无疑问，它是过铝质岩浆中 P 的主要载体，刘昌实等（1999）的研究发现碱性长石中的磷对全岩磷的贡献甚至可以达到 70% 以上。

在富磷过铝质岩浆体系中，P 与金属离子联合置换硅酸盐中的 Si 是普遍存在的。P 能以 $Al^{3+}P^{5+}Si^{4+}_{-2}$、$(Y,\ HREE,\ Fe)^{3+}P^{5+}(Zr,\ Hf)_{-1}Si^{4+}_{-1}$、$P^{5+}Al^{3+}Si^{4+}_{-1}Zr^{4+}_{-1}$ 等替换方式进入锆石晶格中，形成富磷锆石（Breiter et al.，2006；Forster，2006；Raimbault，1998；Raimbault and Burol，1998；黄小龙等，2000）。黄小龙等（2000）在雅山岩体中发现了富磷锆石中含有 15.31%（质量分数）P_2O_5；在捷克 Podlesí 岩体中，锆石中的 P_2O_5 最大含量（质量分数）可达 20.2%（Breiter et al.，2006）。P 还能以 $\square P_2R^{2+}_{-1}Si_{-2}$ 或者 $Na\square P_3R^{2+}_{-1}Si_{-3}$（$\square$ = 空位，R^{2+} = Fe + Mn + Mg + Ca）等替代方式进入到石榴石晶格中，P_2O_5 在石榴石中的含量（质量分数）可以达到 1.21%（Breiter et al.，2005）。P 也可以进入到黄玉晶格中，其置换方式为 $AlPSi_{-2}$。Broska 等（2004）报道在 Western Carpathians 地区的 S 型花岗岩中发现了富磷的黄玉，磷含量（质量分数）达到 0.15%；而 Podlesí 岩体中黄玉晶体中 P_2O_5 含量（质量分数）甚至可以达到 1.15%（Breiter and Kronz，2004）。

1.3.3　磷在过铝质岩浆-热液体系中的地球化学行为

1.3.3.1　部分熔融过程中磷灰石的溶解行为

一般认为，过铝质岩浆是泥质岩小比例部分熔融的产物。磷灰石，化学式 $Ca_5(PO_4)_3(F,\ Cl,\ OH)$，其 Ca/P 原子比为 1.67。由于泥质岩中 Ca/P 原子比一般大于 1.67，从而可以推断出泥质岩中的磷主要以磷灰石的形式存在（Coveney and Glascock，1989；Haack et al.，1984；Moss et al.，1996）。

　　在花岗质岩浆体系中，磷灰石主要是氟磷灰石，其溶解方程可由如下的平衡反应来表示：

$$Ca_5(PO_4)_3F(s) + 1/4O_2 \Longrightarrow 5CaO(m) + 3/2P_2O_5(m) + F(m) \qquad (1-1)$$

式中，s、m 分别指固体（solid）和熔体（melt）。其平衡常数与各组分活度、氧逸度关系如下：

$$K = a_{CaO}^5 a_{P_2O_5}^{3/2} a_F / f_{O_2}^{1/4} \qquad (1-2)$$

　　Harrison 和 Watson（1984）实验研究了 800MPa、850～1500℃ 条件下磷灰石在 $w(H_2O) = 0～10\%$、$w(SiO_2) = 45\%～75\%$ 的准铝硅酸盐熔体中的溶解度：

$$w(P_2O_5)(\%) = 42\% \exp\{-[(0.84 + (w(SiO_2) - 0.5) \times 2.64) \times$$
$$10^4/T - 3.1 - 12.4(w(SiO_2) - 0.5)]\} \qquad (1-3)$$

　　上述关系式表明，在准铝质熔体中，磷灰石溶解是温度（T）和熔体相 SiO_2 含量的函数，磷的含量与熔体温度成正比，与 SiO_2 含量成反比，而熔体中 CaO、F 组分及氧逸度等变化对磷灰石的溶解度没有明显的影响。

　　Pichavant 等（1992）与 Wolf 和 London（1994）分别对磷灰石在过铝质熔体中的溶解度进行了实验研究，实验结果表明，在过铝质岩浆中，磷灰石的溶解度除了受温度和 SiO_2 含量的影响以外，还与熔体的 ASI 值呈正相关关系，Bea 等（1992）通过数据统计也获得了相同的结论（图 1-14）。P 在过铝质熔体中的溶解度可表示为：

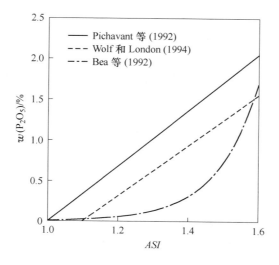

图 1-14　在 $w(SiO_2) = 72\%$ 和 $T = 750℃$ 条件下磷灰石

在过铝质熔体中的溶解度

$$w(\mathrm{P_2O_5}) = w(\mathrm{P_2O_5})^{\mathrm{HW}} + (ASI - 1)\exp\left[\alpha/T + \beta w(\mathrm{SiO_2}) + \gamma\right] \qquad (1\text{-}4)$$

$$w(\mathrm{P_2O_5}) = -3.4 + 3.1ASI\,(R = 0.833) \qquad (1\text{-}5)$$

$$w(\mathrm{P_2O_5}) = w(\mathrm{P_2O_5})^{\mathrm{HW}}\exp\left[(ASI - 1)\times 6429/T\right] \qquad (1\text{-}6)$$

式中，$w(\mathrm{P_2O_5})^{\mathrm{HW}}$为磷在准铝质中的溶解度（Harrison and Watson，1984）；式（1-4）中的α、β和γ是系数，分别为-5900 ± 965、-3.22 ± 1.67和9.31 ± 0.77，T为绝对温度；式（1-6）中的T为摄氏温度。

　　Wolf 和 London（1994）开展了磷灰石在过铝质岩浆中溶解的实验研究，实验研究表明，在200MPa、750℃条件下，磷灰石在过铝质岩浆中的溶解度是ASI的函数，其关系式为：$w(\mathrm{P_2O_5}) = -3.4 + 3.1ASI\,(R = 0.833)$，即形成$ASI$变化于1.1～1.3的过铝质岩浆，其$\mathrm{P_2O_5}$含量（质量分数）变化于0.01%～0.63%之间。根据这一结果，假定泥质岩中磷灰石是泥质岩部分熔融形成过铝质岩浆中磷的唯一供体，可以推断由部分熔融形成的初始岩浆中$\mathrm{P_2O_5}$的含量变化。

　　泥质岩中的$\mathrm{P_2O_5}$含量（质量分数）一般在0.25%左右（Coveney and Glascock，1989）。因此根据质量平衡计算，在泥质岩部分熔融过程中，当部分熔融程度F小于0.4(0.25/0.63)时，过铝质岩浆中磷灰石处于饱和状态，熔体$\mathrm{P_2O_5}$含量（质量分数）保持0.63%不变，同时源区磷灰石含量不断减少；当熔融程度F约为0.4时，源区磷灰石全部溶解；随着熔融程度的进一步增加，熔体中的$\mathrm{P_2O_5}$含量逐渐降低，此时熔体中$\mathrm{P_2O_5}$含量C_m与部分熔融程度F有如下的关系（$F = 0.4 \sim 1$）：

$$C_\mathrm{m} = 0.25\% / F \qquad (1\text{-}7)$$

　　由上述分析可知，泥质岩部分熔融产生过铝质岩浆的过程中，熔体中$\mathrm{P_2O_5}$含量（质量分数）的最大值为磷灰石的饱和溶解度（0.63%），而最小值为源区$\mathrm{P_2O_5}$的含量（0.25%）；通常情况下，熔体中$\mathrm{P_2O_5}$含量（质量分数）与熔融程度F呈反比，介于0.25%与0.63%之间。

1.3.3.2　岩浆演化过程中磷的地球化学行为

　　富磷过铝质岩浆体系的特征之一是磷能进入到主要造岩矿物和副矿物的晶格中，形成富磷长石和富磷的副矿物，其中，富磷长石还是磷的主要寄主矿物。

　　尽管过铝质岩浆以低的 Ca、REE 及 Y 含量为特征（通常$w(\mathrm{CaO}) < 0.2\% \sim 1.0\%$、$w(\sum\mathrm{REE}) < 100 \times 10^{-6}$、$w(\mathrm{Y}) < 10 \times 10^{-6}$），但依然能形成少量的磷灰石、独居石以及磷钇矿。而到了过铝质岩浆演化晚期，体系中 Li 活度逐渐增大，如我国雅山岩体 Li 含量由演化早期中粗粒黑鳞云母-白云母花岗岩的（246～723）$\times 10^{-6}$增加到黄玉锂云母花岗岩的5234$\times 10^{-6}$（Yin et al.，1995）；法国的 Beauvoir 花岗岩最晚期岩相中 Li 含量的分布在（2201～5762）$\times 10^{-6}$之间（Raimbault et al.，1995）。随着熔体中 Li 的活度增大，P 将主要以磷锂铝石-羟磷铝锂石组合形式存在。

Shigley 和 Brown（1986）的研究发现，在温度 400～500℃、压力 150MPa、体系 $w(P_2O_5)$ = 2% 的条件下，还可以从水过饱和的伟晶岩组分中直接结晶出磷锰锂矿和磷锂锰矿。Charoy（1999）的研究认为，在富 Be 富磷过铝质岩浆体系中，Be 的磷酸盐矿物，如磷钠铍石会取代 Be 的硅酸盐矿物（如绿柱石）出现。

1.3.3.3 岩浆-热液过渡阶段磷在流体/熔体相间的分配

在简单花岗岩-H_2O 体系中，London 等（1993）在 200MPa、600～750℃ 条件下实验获得的 $D_P^{f/m}$ = 0.06，但 Keppler（1994）的研究表明，温度和压力对 P 在简单花岗岩中流体/熔体间的分配系数的影响很大，其 $D_P^{f/m}$ 值变化于 0.02～2 较大范围内。在实验的温度（700～1000℃）、压力（100～500MPa）条件下，Kepple（1994）获得 $D_P^{f/m}$ 与水的偏摩尔体积之间的相关性：

$$\ln D_P^{f/m} = 0.991 - 2.576 \ln V \tag{1-8}$$

式中，V 为相关压力温度下水的偏摩尔体积。在压力小于 400MPa 条件下，$D_P^{f/m}$ < 1，表明 P 分配进入熔体相；在压力大于 400MPa 条件下，其 $D_P^{f/m}$ > 1，暗示 P 将主要分配进入流体相中。

截至目前，有关 P 在流体相/过铝质熔体相之间分配的研究还相当缺乏，现有实验研究表明，与 F 类似，P 优先分配进入过铝质熔体相中。London 等（1988）实验研究了 200MPa、650～775℃ 条件下 P 在流体相和 Macusanite 黑曜岩熔体之间的分配，实验结果表明 $D_P^{f/m}$ 值在 0.2～0.9 之间；在相同的压力、800℃ 条件下，Webster 等（1998）获得 $D_P^{f/m}$ 值分布在 0.08～0.19 之间。尽管所报道的 $D_P^{f/m}$ 值变化于较大的范围内，但似乎可以获得如下推论：在浅成地壳范围的岩浆-热液演化过程中，流体出溶不会造成熔体中 P 的亏损，即岩浆演化过程不太可能分异出富 P 的流体相。但这一结论还有待于不同温度、压力、熔体和流体组成下 P 在流体/过铝质熔体间分配的系统实验研究证实。

1.3.3.4 热液体系中磷的地球化学行为

对富磷碱性长石的研究发现，常有次生磷灰石晶体分布在碱性长石晶体中（Breiter et al.，2002；Broska et al.，2002；Kontak et al.，1996；张辉，2001；黄小龙等，1998）。对于这些次生磷灰石的成因，目前认为是在岩浆固相线温度以下，长石晶体在 Al-Si 有序化过程中释放的结构 P，与热液介质所携带的 Ca 相互作用的结果（Kontak et al.，1996）。其反应方程可简单表示为：

富 P 碱性长石 + 流体携带的 Ca === 贫 P 碱性长石 + 次生磷灰石   (1-9)

在热液蚀变阶段，还可能存在富 P 碱性长石和铁锂云母的矿物组合被贫 P 碱性长石、白云母和铁 – 锰磷酸盐矿物取代的情形（Breiter et al.，2002）：

富 P 碱性长石 + 铁锂云母══ 贫 P 碱性长石 + 白云母 + 铁 – 锰磷酸盐　（1-10）

此外，黄小龙等（2001）在研究我国雅山磷酸盐矿物的成因时发现，早期形成的磷灰石、磷锂铝石-羟磷铝锂石等磷酸盐矿物，也可与流体相互作用，释放出 P，与流体携带的阳离子 Ca、Be、Mn 形成富磷的次生矿物，如磷铍钙石和氟磷锰石等。

1.3.4　磷对岩浆性状的影响

实际上，即使熔体中的磷含量很低，它的加入也能明显改变熔体的性质。磷的电负性（2.19）比硅（1.90）的强，所以磷更容易与熔体中变网金属离子结合，从而导致熔体的解聚（Cody et al.，2001；Gan and Hess，1992；Mysen，1998；Mysen and Cody，2001；Toplis and Dingwell，1996；Toplis and Schaller，1998）。因此磷进入到过铝质熔体以后，不但能降低熔体的黏度（Toplis and Dingwell，1996），还能与熔体中的 Fe^{3+} 结合，影响熔体的氧化还原状态（Gwinn and Hess，1993；Mysen，1992）；因为 P 和 H 之间存在亲缘性，磷的富集会导致体系中水的溶解度增加。其机制可表示为 $P = O + H_2O \rightarrow (HO)—P—(OH)$，即 P 的双键氧易于与 H_2O 形成羟基，使得熔体羟基化。London 等（1993）的实验证实，在简单花岗岩体系中，当 P_2O_5 的含量（质量分数）小于 3% 时，增加 1mol P_2O_5 可以在熔体中增加 7.5mol 的 H_2O，P 进一步增加，对 H_2O 的溶解度不再有明显的影响，Holtz 等（1993）研究发现，在 P 含量（质量分数）达到 5.1% 时，增加 1mol P_2O_5 可以在熔体中增加小于 1.1mol 的 H_2O；Wyllie 和 Tuttle（1964）研究了磷对钠长石和花岗岩熔融温度的影响后发现，因为 P_2O_5 的加入 $w(P_2O_5) = 3.5\% \sim 10.6\%$，钠长石和花岗岩的熔融温度分别从 810℃ 和 665℃ 降低到 660℃ 和 645℃；London 等（1993）实验研究了 200MPa 下 Na_2O-K_2O-Al_2O_3-SiO_2-P_2O_5-H_2O 体系中磷对岩浆性状的影响，实验结果表明，与氟和硼类似，磷的加入导致了体系中石英液相区的明显扩大，显著降低了体系的固相线温度，体系低共熔组分朝富碱、贫硅的方向演化（图 1-15）。

磷对岩浆性状的影响，对于稀有金属成矿有着极其重要的意义，主要表现在：

（1）由于泥质岩的深熔作用，通常以白云母和黑云母分解作为泥质岩脱水熔融的开始（Breton and Thompson，1988；Patino Douce and Johnston，1991；Vielzeuf and Holloway，1988），因此泥质岩的深熔作用之初产生的熔体的 *ASI* 值很高，磷灰石在此熔体中的溶解度非常大。熔体中的磷降低熔体的聚合度，使副矿物锆石、独居石以及铌钽矿物在富磷高 *ASI* 值的熔体中的溶解度增大（Dickinson and Hess，1985；Harrison and Watson，1983；Rapp and Watson，1986；Watson and

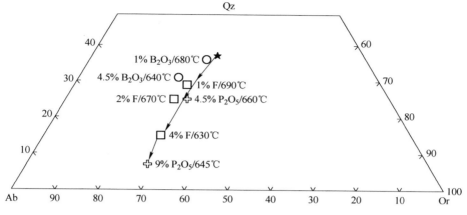

图 1-15 挥发分 F、B、P 对标准花岗岩低共熔组分和液相线温度的影响

（据 London et al.，1993）

实五角星—100MPa、H_2O 饱和条件下简单花岗岩体系最低共熔点组分（$Ab_{34}Oz_{37}Or_{29}$，730℃）；

正方形—100MPa、H_2O 饱和条件下含 F 简单花岗岩体系最低共熔点组（$Ab_{45}Oz_{29}Or_{26}$，1% F/

690℃；$Ab_{50}Oz_{25}Or_{25}$，2% F/670℃；$Ab_{58}Oz_{15}Or_{27}$，4% F/630℃）；圆—200MPa、H_2O 饱和

条件下含 B 简单花岗岩体系最低共熔点组分（$Ab_{37}Oz_{36}Or_{27}$，1% B_2O_3/680℃；$Ab_{46}Oz_{31}Or_{23}$，

4.5% B_2O_3/640℃）；十字形—200MPa、H_2O 饱和条件下含 P 体系简单花岗岩体系最低共

熔点（$Ab_{47}Oz_{25}Or_{28}$，4.5% P_2O_5/660℃；$Ab_{65}Oz_7Or_{28}$，4.5% P_2O_5/645℃）；

箭头—花岗岩低共熔组分演化方向（含量为质量分数）

Harrison，1983），初始岩浆中高场强元素和稀有元素增加，为以后的成矿提供了充足的物质来源。

（2）磷等挥发分的存在，降低了过铝质岩浆的液相线和固相线温度，拉长了岩浆结晶时间，有利于岩浆分离结晶作用的充分进行。熔体黏度的降低，不但加快了物质组分的扩散速率，而且减小了熔体与热液之间的性状差异，增大了岩浆-热液阶段的演化尺度，从而有利于稀有金属的成矿。

（3）由于高场强元素和不相容元素与磷具有亲和性，促使 W、Sn、Be、Nb、Ta、Zr、REE 等在熔体相中富集；随着岩浆分异演化的进行，残余熔体相中因各组分浓度增大最终导致绿柱石、锆石、锡石、铌钽矿物等矿物饱和结晶，形成有经济意义的稀有金属矿床。

1.4 研究内容

富磷过铝质岩浆体系是过铝质岩浆中一个重要体系，从地球化学和经济意义上来说，开展与稀有金属成矿作用有着密切关系的富磷过铝质岩浆体系的研究有着重要的意义。到目前为止，仅见有少量利用标准花岗岩实验研究磷对岩浆性状影响的报道，而有关富磷过铝质岩浆体系的实验研究尚未系统展开。富

磷过铝质岩浆体系的性状与演化，以及磷对不相容元素的地球化学行为和成矿效应的影响，仍缺乏直接的实验地球化学的证据。本书拟从以下几个方面对富磷过铝质岩浆性状、岩浆演化以及与稀有金属成矿作用关系等进行相关的实验研究。

1.4.1 富磷过铝质岩浆体系中的不混溶实验

富氟岩浆体系的性状已有详尽的研究，岩浆液态分离是 Li-F 花岗岩形成和演化过程中的一个重要特征，它与稀有金属 W、Sn、Mo、Nb、Ta 等的富集成矿有密切的相关性（Zhu et al.，1996；王联魁和黄智龙，2000；朱永峰，1994；朱永峰等，1995a，b；孟良义，1993；彭省临等，1995；饶冰，1991）。但过铝质岩浆体系是否存在由过磷引起的液相不混溶现象仍是个不解之谜。尽管针对这一现象未见有确凿的岩石学、地球化学证据，但熔体包裹体研究为过铝质岩浆体系形成和演化过程存在液态分离提供了某些启示，如 Seltmann 等（1997）对捷克 Podlesi 的 Li-F 花岗岩石英熔体包裹体研究发现高 F 熔体 $w(F) = 8.5\%$ 和高磷熔体 $w(P_2O_5) = 2.6\%$ 共存，Webster 等（1997）在研究德国东部 Ehrenfriedersdrof 伟晶岩时也发现石英熔融包裹体中富磷球粒存在于富硅熔体中的现象，并且富磷包裹体中强烈富集 Li、Be、Nb、Ta、Sn、W、Th、U 以及 F 和 B 等元素（图 1-16）。

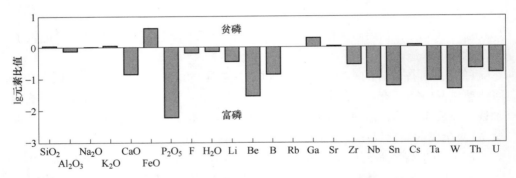

图 1-16   富磷包裹体中元素富集亏损图

（据 Webster，1997）

对于由 F 引起的岩浆液相不混溶体系，熔体结构研究表明 F 通过取代四面体的桥氧以及使 Al 的配位数改变从而使 3D 网络发生解聚，在熔体中形成两类差异较大的结构单元，由此产生富 F 熔体和贫 F 熔体的不混溶分离。从这一机制上看，与 F 性质相似，P 组分同样能促使硅酸盐熔体发生解聚。由此，从理论上分析，过铝质岩浆体系中过 P 含量的存在有可能促进岩浆液相不混溶的发生。Freestone（1978）对玄武岩岩浆不混溶实验研究表明，P_2O_5 对液相不混溶具有潜在的促进作用，Watson（1976）以及 Visser 和 VanGroos（1979）的实验研究揭示 P 的加入将有效地扩大 K_2O-FeO-Al_2O_3-SiO_2 体系的不混溶液相（基性-酸性液相）场，P、Ca、Mn、Mg、Sr、Ba、Cr、Ti、Zr、Ta、REE 等强烈分配到不混溶的基性液相中；随后，这一现象进一步得到了 Ryerson 和 Hess（1980）实验研究结论的证实。虽然存在地质证据和理论支持，然而 P 是否能引起过铝质岩浆体系不混溶以及与稀有元素成矿的作用如何？仍然需要进行深入的实验研究。

1. 4. 2 锰铝榴石-磷灰石平衡反应的实验研究

为了更准确地限定过铝质岩浆中磷含量，在继 Wolf 和 London（1994）提出磷灰石在过铝质岩浆体系中溶解模型和 London 等（1993）建立磷在碱性长石/熔体相的分配系数（$D^{Afs/melt} = 2.05ASI - 1.75$）之后，London 等（1999）确立了 200MPa、520～850℃条件下硅酸盐-磷酸盐平衡反应对过铝质岩浆熔体相中磷的控制关系。但 LCT 型伟晶岩，如阿尔泰 3 号伟晶岩脉（张辉，2001）、Tin Mountain 伟晶岩脉（Walker et al.，1986）、Bog Ingersoll 伟晶岩（Jolliff et al.，1989）以及过铝质花岗岩，如江西宜春雅山岩体（Yin et al，1995），在其岩浆演化早期阶段，磷灰石矿物均是主要的磷酸盐矿物相，在晚期演化阶段才出现磷铝锂石-羟磷铝锂石矿物组合。由于碱性长石中 P 含量主要受磷灰石矿物结晶的制约（Kontak et al.，1996；张辉，2001），且阿尔泰 3 号伟晶岩脉各结构带磷灰石以每单位结构式中含有显著高的 Mn 原子数（apfu）（Ⅰ～Ⅳ带 0.49～1.08apfu，Ⅴ～核部带 0.39～1.35apfu）（张辉，2001），并与锰铝榴石矿物紧密共生为特征，因此我们认为过铝质岩浆体系中的锰铝榴石-磷灰石平衡反应对精确限定岩浆体系中 P 的含量具有重要的理论意义。

1. 4. 3 富磷过铝质熔体-流体作用过程中稀有金属在两相间的分配

南岭地区是我国重要的金属矿产资源产地，矿种多，储量大，尤其以与中生代花岗岩有关的钨、锡、锂、铍、铌、钽等金属的大规模成矿作用较为突出，不仅在我国矿业经济中占有重要地位，而且充分体现了我国大陆成矿作用的特色，因而长期受到地学界的广泛关注（毛景文等，2006；地矿部南岭项目花岗岩专题组，1989；宜昌地质矿床研究所，1989；南京大学地质系，1981；夏宏远和梁书艺，1991；夏卫华等，1989；徐克勤等，1987；华仁民，2005；华仁民等，2005；华仁民等，2003；卢焕章，1986；陈毓川等，1989）。

以锡为例，南岭是我国重要的锡矿产地，集中了我国 95% 以上的锡矿。世界上大多数原生的锡矿都与黑云母花岗岩有关，这类花岗岩通常是高度分异的 S 型或者钛铁系列或者陆壳改造花岗岩，富含 F、B、P 等挥发性元素（Heinrich，1990；Lehmann，1990；Plimer，1987；Taylor，1979）。南岭锡矿大部分与陆壳改造型花岗岩有关（徐克勤等，1987；华仁民等，1999；华仁民等，2003）。

Lehmann 等人的工作表明，岩浆结晶分异作用是导致锡富集的最主要机制（Lehmann，1982；Lehmann，1990）。在含水硅铝质岩浆形成的初期，一般是水不饱和的。但它侵位于较冷围岩中后，随着温度下降到液相线之下，就会发生分离结晶作用，锡在岩浆结晶分异晚期熔体中的富集程度，主要受到岩浆的氧逸度的影响，如果岩浆具有较高的氧逸度，锡在岩浆中主要以四价 Sn 形式存在，Sn^{4+} 容易以类质同象的方式进入到早期结晶的铁镁矿物（如角闪石、磁铁矿、钛铁矿等）中，因此在晚期可能并不明显富集。但如果岩浆有较低的氧逸度，则 Sn 主要以二价的形式存在，由于 Sn^{2+} 有较大的离子半径，不易进入到矿物晶格中，所以倾向于在结晶分异晚期中富集。高度分异的黑云母花岗岩都是还原的，多属于钛铁矿系列，有很低的氧逸度，一般低于 NNO 体系，并且这些花岗岩中一般不含钙质硅酸盐矿物（如角闪石、榍石），这种低氧逸度条件和含钙矿物的缺失可能是锡在岩浆结晶分异过程晚期能够富集的主要原因（Heinrich，1990；陈骏，2000）。而磷等挥发分的存在，降低了岩浆的液相线和固相线温度，拉长了岩浆结晶时间，有利于岩浆分离结晶作用的充分进行，从而加大了锡在熔体中的进一步富集。

由于熔体结晶的早阶段，晶出的矿物多以无水矿物为主，另外，随着岩浆向上侵位过程中压力降低，亦导致岩浆中水溶解度变小，两个因素的联合作用，必然会导致熔体中的水含量在一定时间内达到饱和，从而出溶独立的流体相，这种以熔体相、晶体相和流体相三相平衡为主要特征的阶段，通常称为岩浆-热液阶段（London，1986；朱金初，1997）。

在岩浆-热液过渡阶段，锡与 Cl^-、OH^-、F^- 等配合物结合形成配合物，并以这些配合物的形式随从岩浆中出溶的流体迁移，随着温度、氧逸度以及流体酸碱度等因素的影响，流体中的锡大部分以锡石的形式从流体中沉淀下来（陈骏，2000）。

然而，要对岩浆-热液阶段，锡究竟能以多大的潜力进入到流体参与成矿，流体/熔体的化学性质如何影响锡的分配等这类矿床成因方面的基本问题，给出确切的答案，基本前提是准确测定锡在各种流体/熔体间的分配系数并确定影响因素。大量的实验研究表明，成矿元素在流体/熔体相间的分配行为除了受温度、压力、氧逸度等物理化学条件制约外，流体介质也是影响元素在两相间行为的主要因素。到目前为止，有关 F、Cl 对 W、Sn、Nb、Ta 以及其他微量元素在流体/熔体相间分配系数的影响已有较多的研究（Bai and Koster van Groos，1999；Keppler and Wyllie，1991；London et al.，1988；Manning and Henderson，1984；

Webster et al.，1989；许永胜等，1992；赵劲松等，1996a，b；陈之龙和彭省临，1994）。

虽然富磷过铝质岩浆体系与不相容元素的成矿有着紧密的关系，但截至目前，还不太清楚富磷过铝质岩浆演化晚期的熔体-流体作用过程中不相容元素在流体/熔体之间的分配行为。我们实验研究了不同压力（150MPa、100MPa 和 50MPa）、不同温度（850℃和800℃）和不同磷含量（P_2O_5 质量分数为 0.32%、1.98%、4.91%和7.78%）条件下，不相容元素在流体/熔体相间的分配，旨在讨论富磷过铝质岩浆体系与稀有金属元素成矿的作用关系。

1.4.4 富磷过铝质熔体-流体作用过程中稀土元素在两相间的分配

越来越多的研究表明，高度演化的过铝质岩浆和某些热液成因的岩石，其全岩和单矿物都存在稀土四分组效应，并不是样品化学处理和分析误差以及采用不同物质标准化所引起的假象。有人认为含 REE 副矿物，如独居石、磷灰石、石榴子石和磷钇矿等的早期结晶导致残余熔体出现这种异常的 REE 分布模式（Foster，1998；Jolliff et al.，1989；McLennan，1994；Pan and Breaks，1997；Zhao and Cooper，1993）。但 Bau（1997）和 Irber（1999）等则认为上述矿物结晶虽能获得 REE 分布模式在 Nd、Gd 和 Er-Ho 处不连续的现象，但缺乏稀土四分组效应曲线的最基本特征，并且也无法解释矿物和岩石中均存在稀土四分组效应这一情形。由此他们提出高度演化过铝质岩浆体系中稀土四分组效应的存在是熔体与含挥发分流体相之间相互作用的结果（Irber，1999；赵振华等，1999）。不过，这仅仅是一种定性的假设，还未得到实验地球化学方面确凿证据的支持。我们研究了 12 个 REE 元素（La、Nd、Sm、Eu、Gd、Tb、Dy、Ho、Er、Tm、Yb、Lu）在流体/熔体相间的分配，以便系统探讨磷对稀土元素四分组效应现象是否存在潜在的影响。

1.4.5 稀有金属独立矿物在富磷岩浆体系中的溶解度

元素要能在岩浆结晶分异的晚期富集，首先该元素不能分配进入到早期结晶的造岩矿物中，显示出强不相容性，稀有金属在橄榄石、辉石、角闪石、长石以及云母类矿物与熔体间具有很小的分配系数，因此上述矿物的晶出，不会导致稀有元素在残余熔体相中的亏损。

事实上，稀有金属主要赋存在含 Ti-Fe 的副矿物中（如金红石、钛铁矿等）或形成独立的稀有金属独立矿物（如铌钽铁锰矿、锆石等）。如果这些矿物在岩浆结晶分异早期晶出，将导致残余岩浆中稀有金属的亏损。因此，这些含高场强元素的矿物在岩浆中是否具有较高的溶解度，从而制约其在早期岩浆中的结晶，是高场强元素能否再结晶晚期富集成矿的关键因素。

矿物在硅酸盐熔体中的溶解度主要受温度、熔体组成以及挥发分的影响。实验研究表明，稀有金属独立矿物在硅酸盐熔体中的溶解度随温度的降低而降低（Waston and Harrison，1983；Linnen，1998；Aseri et al.，2015），因此，随着岩浆分异演化的进行，温度的降低是不利于稀有金属元素在晚期熔体相中富集的；相反，温度可能是导致含稀有金属元素在晚期岩浆中结晶的主要因素。熔体组分对稀有金属溶解度影响较大，通常而言，含稀有金属矿物溶解度按如下顺序降低：碱性熔体 > 过铝质熔体 > 准铝质熔体。而熔体中挥发分如锂（Li）、水（H_2O）、氟（F）等，对稀有金属矿物溶解度亦有影响。但截至目前，稀有金属元素在富磷过铝质熔体中的溶解度实验还未系统展开，仅有零星报道。Horng 等（1999）的实验表明，金红石在过铝质熔体中的溶解度随 P_2O_5 含量增加而增大。基于上述分析，要充分认识富磷过铝质岩浆体系对稀有金属元素成矿作用的专属性及磷对稀有金属富集成矿机理的影响，极有必要查明铌钽矿等副矿物在富磷岩浆体系中的饱和溶解度及其影响因素。

基于上述研究现状及意义，本书以天然花岗岩为实验初始物，主要开展磷对过铝质岩浆液相线温度影响、富磷岩浆体系的液态不混溶、锰铝榴石-磷灰石矿物对平衡对熔体相中磷的制约、稀有金属元素和稀土元素在富磷体系中流体/熔体间分配以及稀有金属独立矿物在富磷过铝质熔体中溶解度的实验研究。毫无疑问，所获得的结论将对富磷过铝质岩浆-热液体系形成、演化以及与稀有金属元素成矿作用关系等有更为全面的了解。

2 实验装置和实验方法

2.1 实验装置

本次实验是在中国科学院地球化学研究所高温高压院重点实验室的"RQV－快速内冷淬火"高温高压实验装置上完成的。该实验装置由反应系统、压力系统和温度系统三部分组成，这种装置是外加压、外加热、内冷淬火的高温高压装置，与以往花岗岩成岩实验所采用的高温高压装置相比，该装置有如下几个优点：（1）在压力100~200MPa时，可在低于850℃的高温下长时间地工作，保证了实验温度在水饱和花岗岩液相线实验的开展；（2）采用管状弹簧压力表，可对压力进行精确的测定，压力表使用前经标定，使用过程中定期校正，误差小于±5MPa，而且对实验过程中压力的轻微变化可通过螺旋泵调节，并可实现恒压淬火，使实验结果趋于可靠；（3）采用内淬火，淬火能在几秒钟内完成，使淬火产物更接近于实验条件下的性状；（4）淬火过程对釜体的损伤比较小，延长了高压釜的使用寿命。

实验装置各组成部分的特点和性能简介如下。

2.1.1 反应系统

反应系统的核心为内冷淬火高压釜。图2-1为高压釜的结构图，釜体由反应釜体1和淬火釜体3两部分组成，以40Cr型不锈钢螺母2连接。与Tuttle型高压釜相比，该容器增加了淬火釜。反应釜由镍基材料（GH141、GH169型）制成（相当于Rene41、Inconel718），其釜体长30cm，内外直径分别为$\phi0.8$cm和$\phi3$cm，淬火釜的材料为1Cr18Ni9Ti型不锈钢，整个材料的设计可以保证高压釜能长期在700~800℃、150~200MPa的条件下连续工作。淬火釜外壁上安装有冷却器6，实验进行时，冷却水不断地循环于冷却器中，使淬火釜保持在近室温状态，同时可用来淬火。高压釜的密封采用球面垫8，通过密封头和毛细管与压力系统相连。高压釜内备有充填棒，其作用之一是减少因冷热两端的温差而产生的对流，其二是保证淬火时样品管处于淬火釜的冷却器部位。

反应系统即内淬火高压釜，样品在其中完成高温高压实验和淬火。操作时釜体呈水平位置，通过连接杆固定在工作台上。淬火时将釜体抽出加热电炉，并使高压釜旋转90°，使其由水平位置转变成垂直状态，样品管即可因重力作用而掉

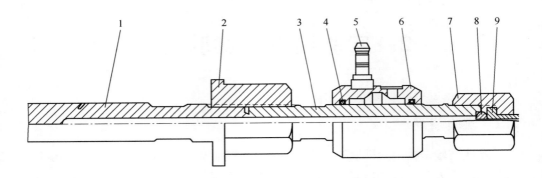

图 2-1　内冷淬火高压釜结构示意图

1—反应釜体；2—螺母；3—淬火釜体；4—O 形圈；5—水嘴；

6—冷却器；7—密封头；8—球面垫；9—压帽

入到淬火釜中，在若干秒时间内完成淬火。

2.1.2　压力系统

压力系统由手摇螺旋泵、阀门、缓冲器、高压表和毛细管等部件组成。

（1）手摇螺旋泵：手摇螺旋泵是本装置的压力源（图 2-2）。其中圆筒采用 40Cr 型不锈钢制成，高压缸、活塞、离合器和充塞身等主要部件的制作材料为 1Cr18Ni9Ti 型不锈钢，最高压力为 200MPa。螺旋泵作为系统的压力源，无论是系统压力的建立，恒温后压力的调节，还是实验过程中温度降低情况下的补压，都可以通过它来控制，操作方便，增减压灵敏。

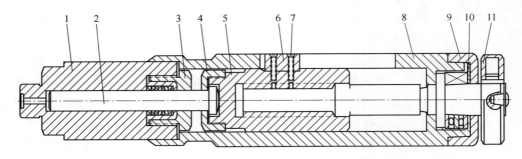

图 2-2　螺旋泵结构示意图

1—高压缸；2—活塞；3—充塞身；4，9—离合器；5—螺母；

6—限制皿；7—螺钉；8—圆筒；10—垫圈；11—法兰盘

（2）阀门：阀门是转递压力、隔离系统的重要部件。它的密封状况是整套装置是否能正常运转的关键。本装置用四个阀门隔开，可实现单个控制，从而能同时进行不同温度和压力的两个实验,并可通过阀门实现分别淬火。

阀门的结构如图 2-3 所示,其结构较为复杂,连接处多,并且因使用频繁,磨损严重,易出现泄漏。较为常见并且较难处理的是阀针 3 在重复使用后因磨损而不能保持高压下的密封。因阀针问题而造成泄漏的情况表现为,拧紧阀门手柄后不能保持密封状态,而阀体上却无泄漏痕迹。保护阀针不受损伤的唯一方法是在实验过程中正确的操作,阀门的开与关都不宜过猛,以免造成阀针的弯曲变形。

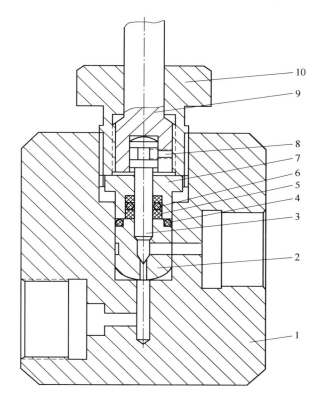

图 2-3 阀门结构示意图

1—阀体;2—阀座;3—阀针;4,6—O 形圈;5—尼龙垫;
7—压块;8—顶针;9—阀杆;10—压帽

（3）缓冲器:由于本装置结构非常紧凑,又加上大多数管件选用 ϕ2.0mm（外径）×1.25mm（内径）不锈钢毛细管,因而系统的容积很小,由此引起压力变化敏感。特别是淬火时,充填棒和样品管从热区滑落到冷区,把热量和热区的水带入冷区,使冷区的水受热膨胀,同时冷区的部分冷水进入热区,亦受热膨胀,引起瞬时压力升高,易于破坏设备。增加缓冲器可加大压力系统的体积,减小淬火时的压力升高幅度。缓冲器结构如图 2-4 所示。

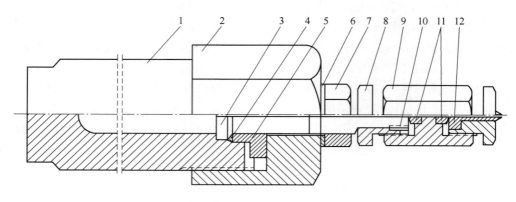

图 2-4　缓冲器结构示意图

1—釜体；2—釜盖；3—塞子；4—密封圈；5—压环；6—垫圈；7—螺帽；

8—堵头；9—螺母；10—扣头；11—球面垫；12—毛细管接头

（4）高压表：压力表是测量系统压力的。选用济南长城仪表厂出产的压力表，直径为 $\phi200mm$，量程为 $0 \sim 250MPa$，误差为 5MPa。

（5）毛细管：毛细管是将系统各部件连接起来构成一个有机整体的高压管路，其制作材料为 1Cr18Ni9Ti 型不锈钢，规格为 $\phi2.0mm \times 0.75mm$，抗压强度达 400MPa。

2.1.3　温度系统

温度系统由加热电炉、热电偶和温控仪组成，具体概述如下。

（1）加热电炉：电炉是本高温高压装置的加热源。其最大特点是底座装有四个滑轮，滑轮下有轨道（图 2-5），因此电炉在一定范围内可滑动。在淬火时，推开电炉即可抽出反应釜，保证了淬火过程的方便快捷。电炉的结构如图 2-5 所示，它由炉衬 2、耐火砖 3、发热元件 4、炉芯 5、炉壳 6 和炉口砖 7 组成，通过电阻丝接线柱 1 与温控仪连接。炉壳的作用是保护炉芯炉衬，并固定电阻丝接线柱，炉壳的材料为薄的钢板，实际长 55cm，直径为 $\phi40cm$；炉衬由硅酸铝耐火石棉制成，起到保温作用；炉芯是用来固定发热元件的，其材料为高温耐火的陶瓷，长 40cm，内径 $\phi6cm$，表面刻有绕炉丝的沟槽；发热元件为镍铬丝（$Ni_{80}Cr_{20}$），镍铬丝的最高使用温度为 1127℃，它在高温下不易氧化，并且升温时电功率较稳定，是高温炉较理想的发热元件。电炉的额定功率 $W = 1.5kW$，工作电流 $I = 5 \sim 8A$，工作电压 $V = 55 \sim 170V$。因炉口的散热较快，为了保证炉膛中有一个稳定的恒温区，一方面，在靠近炉口的炉芯上电阻丝相应的绕得较密，另一方面在实验过程中炉口处塞有石棉。图 2-6 为 3 号和

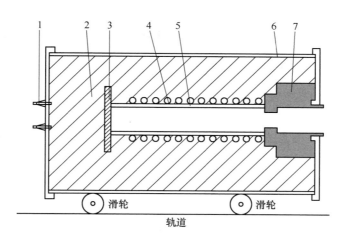

图 2-5 管状电炉结构示意图

1—电阻丝接线柱；2—炉衬；3—耐火砖；4—发热元件；
5—炉芯；6—炉壳；7—炉口砖

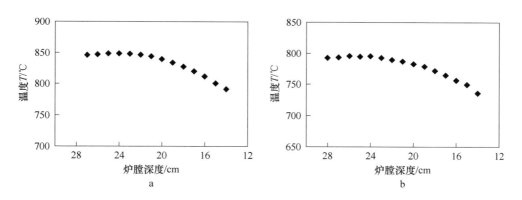

图 2-6 炉膛温度曲线

a—0.1MPa、850℃条件下 5 号炉膛曲线；b—55MPa、800℃条件下 3 号炉膛温度曲线

5 号炉的炉膛温度曲线。在炉膛中，大约有 5cm 的恒温区，完全能满足实验要求。

（2）热电偶：温度的测量采用的是铠装 RPS-35 铂铑热电偶，经与标准热电偶比较，其误差小于 ±5℃。

（3）温控仪：温控仪采用的是上海自动化仪表六厂生产的 XTMA-1000 系统智能数字显示调节仪。这种调节仪是具有 MCS-51 单片微机组成的多功能智能化仪表，由于充分利用微机技术和当代新型元器件，能够自动扣除输入级温漂和时漂的影响，实现了零位的自动校正，仪表热电偶输入的冷端补偿采取单独测温的方式，实现了冷端温度的完全补偿。该仪表最大的优点是具有程序功能，能任意设定升温或降温的时间 – 温度曲线。

2.2 实验方法

2.2.1 初始物的制备

由于江西宜春 414 岩体中的钠长花岗岩（样品号 YS-02-48）的化学组成与国外学者实验中常用的 Macusanite 成分较接近而被用作本次实验的初始物（见表 2-1）。新鲜未风化的钠长花岗岩经蒸馏水、乙醇清洗表面后吹干，在不锈钢捣钵捣碎、过筛（<100 目），经多次缩分后，在玛瑙研钵中反复研磨至 200 目以下，保存在干燥器中备用。

表 2-1   YS-02-48 与 Macusanite 和 Ongonite 化学组成对比以及实验初始物的化学组成

样品号		YS-02-48	Macusanite①	Ongonite①	1 号玻璃	2 号玻璃	3 号玻璃	4 号玻璃	5 号玻璃	6 号玻璃	7 号玻璃	8 号玻璃
化学组成 /%	SiO_2	73.82	72.32	72.47	74.16	72.86	70.79	68.06	73.17	71.28	69.88	67.68
	TiO_2	0.02	0.02	0	0.02	0.02	0.02	0.01	0.02	0.02	0.02	0.02
	Al_2O_3	15.17	15.63	16.66	15.56	15.21	14.75	14.39	15.43	15.05	14.67	14.20
	Fe_2O_3	0.32	0.52②	0.52②	0.41	0.40	0.40	0.41	0.44	0.22	0.28	0.22
	MnO	0.09	0.06	0.11	0.09	0.09	0.09	0.09	0.09	0.08	0.08	0.08
	MgO	0.02	0	0.25	0.19	0.19	0.19	0.44	0.07	0.05	0.07	0.05
	CaO	0.49	0.23	0.18	0.33	0.33	0.32	0.43	0.46	0.41	0.37	0.37
	Na_2O	5.12	4.10	4.65	5.24	5.13	4.97	4.95	4.58	4.61	4.52	4.36
	K_2O	3.42	3.53	3.13	3.61	3.52	3.40	3.28	3.16	3.08	2.98	2.85
	P_2O_5	0.32	0.58	—	0.27	1.91	4.83	7.71	0.32	1.98	4.91	7.78
	F	0.23	1.31	1.09	—	—	—	—	—	—	—	—
	B_2O_3	0.02	0.62	—	—	—	—	—	—	—	—	—

续表 2-1

样品号		YS-02-48	Macusanite①	Ongonite①	1号玻璃	2号玻璃	3号玻璃	4号玻璃	5号玻璃	6号玻璃	7号玻璃	8号玻璃
化学组成/%	H₂O	0.74	0.30	0.98	—	—	—	—	—	—	—	—
	F＝O	−0.09	−0.54	−0.40	—	—	—	—	—	—	—	—
	总量	99.69	98.68	99.64	99.87	99.655	99.74	99.75	97.74	96.78	97.78	97.61
ASI		1.17	1.42	1.47	1.19	1.185	1.19	1.16	1.31	1.29	1.29	1.30

注： 1. —表示未测。

　　2. 1~4 号玻璃用于液相线和不混溶实验研究。

　　3. 5~8 号玻璃为微量元素在流体/熔体相间分配实验和不混溶实验的初始物。

① 数据来自 London et al. ，1988。

② 为 FeO 含量。

磷对过铝质岩浆液相线温度影响实验中的初始物为 P_2O_5 和 YS-02-48 粉末的混合物，P_2O_5 是以加入分析纯（NH_4）$_3PO_4$ 的方式引入的。由分析天平分别称取一定量的分析纯（NH_4）$_3PO_4$ 和制备好的 YS-02-48 粉末置于玛瑙研钵中研磨 4h 以上以便充分混合。装有样品的铂金坩埚放置于 JGMT-5/180 型硅钼棒电炉中升温至 1500℃，并恒温 1h（恒温时间过长将导致 Na、K 组分汽化而损失），快速取出铂金坩埚并置于水槽中使之快速淬火。为确保 P_2O_5 在玻璃中的均匀性，需经 2~3 次的玛瑙研钵中研磨 4h→硅钼棒电炉中升温至 1500℃、恒温 1h→水槽中快速淬火全过程。表 2-1 中列出了所制备的初始物玻璃的主要化学组成。

微量元素在熔体/流体相间分配实验的初始物的制备方法，与上述方法基本相同，只是在制备过程中，除了 P_2O_5 以外，还加入了一定量的微量元素。除 Be 是以绿柱石的形式加入以外，其他的微量元素是以氧化物或碳酸盐形式加入。表 2-2 列出了初始物玻璃中的微量元素的含量和加入方式。

在研究锰铝榴石-磷灰石对过铝质熔体相中 P_2O_5 含量制约的实验中，实验初始物为上述矿物与 YS-02-48 的混合物。将锰铝榴石和磷灰石加入到天然花岗岩中（混合物中锰铝榴石：磷灰石：花岗岩 =1：1：1），在玛瑙研钵中反复研磨至均匀，研磨好的混合物置于干燥器中备用。

2.2.2　温度－时间曲线的拟定

前人研究表明，在压力为 100MPa、饱和水条件下花岗岩的液相线温度为 800~820℃，因此本次实验的恒温温度设定为 850℃，恒温时间 24h，以保证实验初始物玻璃能全部熔融，产生均一熔体。然后按 0.1℃/min 的冷却速度，下降

表 2-2　实验初始物玻璃中微量元素和稀土元素的加入方式及含量

元素	含量/ppm	加 入 方 式	元素	含量/ppm	加 入 方 式
Be(铍)	3000	$Al_2Be_3Si_6O_{18}$(绿柱石)	Gd(钆)	500	Gd_2O_3
Ta(钽)	200	Ta_2O_5	Tb(铽)	500	Tb_4O_7
W(钨)	500	WO_3	Dy(镝)	500	Dy_2O_3
Nb(铌)	200	Nb_2O_5	Ho(钬)	500	Ho_2O_3
Sn(锡)	1000	SnO_2	Er(铒)	500	Er_2O_3
La(镧)	500	La_2O_3	Tm(铥)	500	Tm_2O_3
Nd(钕)	500	Nd_2O_3	Yb(镱)	500	Yb_2O_3
Sm(钐)	500	Sm_2O_3	Lu(镥)	500	Lu_2O_3
Eu(铕)	500	Eu_2O_3	Y(钇)	500	Y_2O_3

注：$1ppm = 10^{-6}$。

到实验温度，在此过程中，压力保持不变。

前人的研究表明，实验时间在 24~72h 花岗岩体系的实验即可平衡。为了使体系能够彻底达到平衡，本次实验设定的反应时间为 96h。

2.2.3　氧逸度

实验过程中没有控制氧逸度，但因为所用的高压釜体为镍基材料（相当于 Rene-41），并以水作为压力介质，因此在本次实验的温度和压力条件下，实验中的氧逸度接近 NNO(Chou，1978；Huebner and Sato，1970；Simon et al.，2005)。

2.2.4　实验过程

分别称取 200mg 的实验初始玻璃，置入规格为 4mm(外径)×3.8mm(内径)×50mm(长) 的黄金管中，用微量进样器准确量取一定量的去离子水并沿黄金管壁慢慢注入。称重后利用炔氧焰焊封，放置于 110℃ 的烘箱中过夜。在确保无泄漏情况下，放入"RQV-快速内淬火实验装置"高压釜中。先加压至 30MPa，升温至 850℃ 并微调压力至 100MPa，恒温熔化 24h，然后按 1℃/min 的速率降温至实验设定温度并恒温 96h。快速淬火，从高压釜中取出黄金管，经去离子水反复冲洗后置于 110℃ 烘箱中烘干 1h。而后用重量法检验实验过程是否存在泄漏，实验前后黄金管重量的绝对误差小于 0.5mg 者为成功实验。剪开金管，取出固相产物，切片制成光薄片后进行镜下鉴定。

2.3 测试方法

2.3.1 初始物和实验产物中主量元素的测试：XRF 和 EMPA

实验初始物玻璃的主要化学组成分别利用南京大学现代测试中心及中国科学院地球化学研究所矿床地球化学国家重点实验室的 XRF 完成测试，而实验产物玻璃的化学组成则是利用中国科学院地球化学研究所矿床地球化学国家重点实验室的 EMPA-1600 型电子探针进行分析。利用电子探针对实验产物玻璃，尤其是含水玻璃进行主要化学成分测定时，由于碱质元素，尤其是 Na，在电子轰击下易于逃逸，导致 Na、K 含量显著偏低，Si、Al 含量增大。为此，确定小电流、大束斑分析玻璃中 Na、K、Al、Si 含量的电子探针工作条件，即选择加速电压 20kV、电流 2nA、束斑 20μm、计时 30s（Morgan and London，2005）。以 Obsidian 国际标样、Oklahoma 大学 Morgan 博士所赠送的 2 个合成玻璃（无水和含水玻璃）以及本实验室合成的 4 个含有不同 P_2O_5 的玻璃（实验室标样）可精确测定实验产物玻璃中 SiO_2、Al_2O_3、Na_2O、K_2O、FeO、CaO、MgO、MnO、TiO_2 和 P_2O_5，测定结果的相对误差小于 1%。

2.3.2 玻璃相中微量元素的测试：LA-ICP-MS

实验产物中微量元素含量分析在西北大学大陆动力学国家重点实验室的 LA-ICP-MS 仪器上进行。分析仪器为 Elan 600 DRC 型四极杆质谱仪和 Geolas200M 型激光剥蚀系统，激光器为 193nm ArF 准分子激光器。激光剥蚀束斑直径为 20μm，微量元素的含量采用美国国家标准物质局人工合成硅酸盐玻璃 NIST SRM610 做外标，产物玻璃中的 Ca 做内标元素进行校正。为了检测样品的均匀性，每个样品测试了 3 个点。

2.3.3 流体相中微量元素的测试：ICP-MS

流体相中的微量元素含量测量在广州地球化学所同位素实验室的 ICP-MS 仪器上进行。分析仪器为 Perkin Elmer Sciex 公司的 Elan 600 ICP-MS。仪器的主要工作参数如下：RF 功率：1kW；等离子气流量（Ar）：15L/min；辅助气流量（Ar）：1.2L/min；雾化气流量（Ar）：0.7L/min；透镜电压：自动透镜电压；扫描方式：跳峰；重复次数：5；积分时间：100ms，样品中外加 10ppb（1ppb = 10^{-9}）的 In 作为内标进行校正。

3 磷对过铝质岩浆液相线温度 影响的实验研究

3.1 实验条件及液相线温度的确定方法

实验的压力为 100MPa，这一压力相当于 Li-F 花岗岩的"浅凝"环境。前人研究表明，过量的水不利于长英质熔体的结晶，即使在液相线温度以下，长达数千小时的实验中，仍然不能使熔体结晶（London，1992b；London et al.，1989）。然而所有天然的长英质岩浆中都含有一定数量的水，为使实验在组分上更接近自然界情况和满足理论的要求，实验设计在饱和水状态下进行。Holtz 等（1993）的实验研究表明，与本次实验初始物成分非常接近的 Macusanite 岩体，在压力为 100MPa、温度为 850～900℃ 条件下，饱和水含量（质量分数）是 4.6%。因此，本次实验最终将 H_2O 加入量（质量分数）固定为 5%。

本实验采用的是结晶的方法来确定体系的液相线温度，即液相线温度是：L(熔体)＋C(晶体)＝L(熔体)的平衡温度。本实验是通过降温结晶，结合光薄片的镜下观察来确定液相线的温度值。晶体出现（呈很好的自形特征）是在实验温度下结晶作用的依据（处于 L＋C 域），而完全是玻璃相（L）说明实验温度处于液相线温度之上（熊小林，1995）。

3.2 实验结果与讨论

3.2.1 实验结果

显微镜下观察表明液相线矿物为碱性长石，晶体形状为板状、柱状和针状，晶体大小 3～50μm 不等（见图3-1）。表3-1 列出了 100MPa 条件下含磷过铝质岩浆体系液相线温度的实验结果。实验结果表明，YS-02-48(宜春 414 岩体的钠长石花岗岩）的液相线温度为 810℃(0.27% P_2O_5)，随着体系 P_2O_5 的含量（质量分数）增大，液相线温度由 1.91% P_2O_5 的 780℃ 降至 4.83% P_2O_5 的 760℃、7.71% P_2O_5 的 740℃，即体系中 P_2O_5 每增加 1%，液相线温度降低 7～10℃（图3-2）。

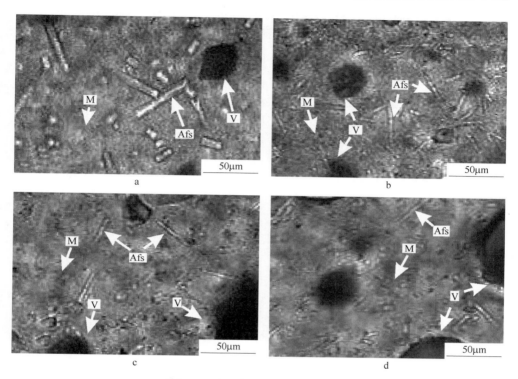

图 3-1 实验产物的显微镜下特征

a—1 号玻璃，实验号 0% -4 -11，$T=790℃$；b—2 号玻璃，实验号 2% -4 -22，$T=750℃$；

c—3 号玻璃，实验号 5% -8 -27，$T=750℃$；d—4 号玻璃，实验号 8% -34 -8，$T=730℃$

M、Afs—分别代表熔体和碱性长石；V—淬火过程中气体逃逸造成的气孔

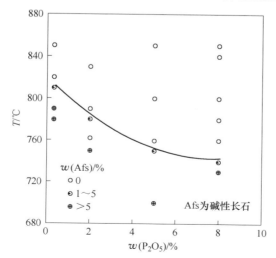

图 3-2 P_2O_5 对过铝质岩浆的液相线影响

表 3-1　100MPa、5%H₂O 条件下含磷过铝质体系的液相线温度实验结果

编　号	实验号	初始物中磷加入量（质量分数）/%	实验温度/℃	恒温时间/h	相组成
	0% - 4 - 9		850	96	G
	0% - 8 - 10		820	96	G
1 号玻璃	0% - 3 - 11	0	810	96	G + (Afs)
	0% - 4 - 11		790	96	G + Afs
	0% - 7 - 10		780	96	G + Afs
	2% - 4 - 27		830	96	G
	2% - 7 - 28		790	96	G
2 号玻璃	2% - 7 - 27	2	780	96	G + (Afs)
	2% - 4 - 22		750	96	G + Afs
	5% - 6 - 21		850	96	G
	5% - 5 - 21		800	96	G
3 号玻璃	5% - 8 - 28	5	760	96	G + (Afs)
	5% - 8 - 27		750	96	G + Afs
	5% - 3 - 21		700	96	G + Afs + (Qtz)
	8% - 6 - 1		850	96	G
	8% - 5 - 6		800	96	G
	8% - 6 - 6		840	96	G
4 号玻璃	8% - 3 - 7	8	780	96	G
	8% - 4 - 7		760	96	G
	8% - 34 - 7		740	96	G + (Afs)
	8% - 34 - 8		730	96	G + Afs

注：Afs—碱性长石，Qtz—石英，G—玻璃，（Afs)—几乎不含碱性长石。

3.2.2 磷降低岩浆液相线温度的可能机制

London 等（1993）实验研究了 200MPa 条件下，磷对 Na_2O-K_2O-Al_2O_3-SiO_2-H_2O 体系液相线温度的影响。实验结果表明，简单花岗岩（$ASI=1$，准铝质）体系的液相线温度从不含 P_2O_5 时的 730℃，降低到含 P_2O_5（质量分数）4.5% 时的 660℃、9% 时的 645℃，即由最初的每增加 1% P_2O_5，液相线温度降低约 15℃（体系含有 <4.5% P_2O_5），至液相线温度降低约 3℃（体系含有 4.5%~9.0% P_2O_5），平均每增加 1% P_2O_5 降低液相线温度约 9℃。显然，该值与本章所获得的 P 平均降低过铝质岩浆体系（$ASI>1.1$）液相线温度 7~10℃ 是一致的。

磷对硅酸盐熔体性状，如熔体黏度，固、液相线温度以及 H_2O 在熔体中的溶解度的影响，与磷在熔体中的溶解机制密切相关（Wyllie and Tuttle，1964；Holtz et al.，1993；London et al.，1993；Toplis and Dingwell，1996）。准铝质花岗岩熔体的结构单元以（Si，Al）O_4 四面体为主，作为 Al^{3+} 的电荷补偿，变网离子 Na^+、K^+ 等进入到四面体中，这样结构基本上是一种无序的三维网络结构，称为紧密聚合或完全聚合结构。P 进入到这种结构中时，主要与碱金属和铝结合（Gan and Hess，1992；Mysen et al.，1981），反应方程式如下：

$$2MOSi + POP \rightleftharpoons 2MOP + SiOSi(M = Na、K) \tag{3-1}$$

$$2AlOSi + POP \rightleftharpoons 2AlOP + SiOSi \tag{3-2}$$

随着熔体中 P 的加入，化学平衡反应式（3-1）和式（3-2）向右移动。总的反应式可写成：

$$MAlSi_3O_8 + AlPO_4 \rightleftharpoons KAl_2PSiO_8 + 2SiO_2 \tag{3-3}$$

式（3-3）表明，磷进入到准铝质花岗岩熔体后，不但能降低碱性长石组分活度，同时还增加了 SiO_2 的活度。研究表明，与磷在准铝质简单花岗岩不同的是，在过铝质熔体中，P 主要与 Al 结合（Mysen，1998；Schaller et al.，1999；Toplis and Schaller，1998）：

$$Al（过量）+ 2AlO_2 + 2P_2O_5 \rightleftharpoons 4AlPO_4 \tag{3-4}$$

过铝质熔体中的 P 与 Al 结合形成 $AlPO_4$，降低了熔体中 Al_2O_3 的活度。由于本实验采用的是结晶的方法来确定体系的液相线温度，即液相线温度是 L（熔体）+ C（晶体）⇔L（熔体）的平衡温度，实验中最早晶出的矿物为碱性长石，因此碱性长石首次结晶的温度，即为体系的液相线温度。当碱性长石从熔体中平衡结晶时，碱性长石与熔体中其他组分活度（a）存在如下的关系：

$$[(Na,K)AlSi_3O_8](s) = 1/2(Na,K)_2O(m) + 1/2Al_2O_3(m) + 3SiO_2(m)$$

$$(3-5)$$

式中，s、m 分别指固体（solid）和熔体（melt）。假定固相组分活度为 1，其平衡常数与熔体中各组分活度（a）的关系如下：

$$K = a_{(Na,K)_2O}^{1/2} a_{Al_2O_3}^{1/2} a_{SiO_2}^3$$

$$(3-6)$$

由关系式（3-6）可知，碱性长石饱和结晶温度与熔体中碱性长石组分活度有关，碱性长石组分活度增大，其饱和结晶温度增加；反之，碱性长石活度降低，饱和结晶温度随之降低。对于过铝质体系来说，磷进入熔体后，通过降低体系中 Al_2O_3 活度实现了碱性长石组分活度降低，从而降低了碱性长石的结晶温度，间接降低了实验体系的液相线温度。但对于准铝质花岗岩体系，磷的加入，在降低碱性长石活度的同时也增大了 SiO_2 的活度；尤其在高磷体系中，SiO_2 活度增大将相应地促进碱性长石活度增大，因而导致高磷条件下液相线温度降低程度减小。

3.2.3　地质意义

Bea 等（1992）提出 $w(SiO_2) > 70\%$、$w(P_2O_5) > 0.5\%$ 可作为 S 型花岗岩中 W、Sn 矿化的标志。本书研究表明，富磷的过铝质花岗岩比不含挥发分（F、P、B）的花岗岩，如华南燕山早期黑云母花岗岩具有更低的液相线温度。一方面，对于其成因，富磷过铝质岩浆很可能在相对较低的温度下由富磷灰石的泥质岩部分熔融产生，即富磷过铝质岩浆可以形成于地壳相对较浅的位置；另一方面，在特定构造背景下所形成的花岗岩带中，尽管源区部分熔融温度相同，但由于富磷过铝质岩浆低的液相线温度，与相同背景下所形成的其他花岗岩比较，所形成富磷过铝质熔体的温度与熔融温度之间存在更大的温度梯度，从而不仅可增大源区部分熔融程度，并且促使源区沉积物中的副矿物，如磷灰石、锆石、锡石以及铌钽矿物在富磷岩浆中更多地溶解，导致初始岩浆中稀有元素 W、Sn、Be、Nb、Ta、Zr、Hf 等的富集。在随后的岩浆分异演化过程中，磷等挥发分对过铝质岩浆的液相线和固相线温度的降低以及黏度的减小（Dingwell et al.，1993；London et al.，1993；Toplis and Dingwell，1996；Wyllie and Tuttle，1964），减小了熔体与热液之间的性状差异，增大了岩浆-热液阶段的演化尺度，从而有利于稀有金属的富集和矿化。

3.3　小结

本章以天然花岗岩为初始物，实验研究了磷对过铝质岩浆液相线温度的影响，实验结果表明，磷可有效降低过铝质岩浆液相线温度，每增加 1%（质量分数)P_2O_5 降低液相线温度 7 ~ 10℃。P 与熔体中 Al 结合形成 $AlPO_4$，降低了熔体中 Al_2O_3 组分活度，促使碱性长石组分活度降低，阻碍了碱性长石的饱和结晶，从而间接地降低了体系的液相线温度。富磷过铝质岩浆具有相对低的液相线温度，表明富磷过铝质岩浆可以形成于地壳相对较浅位置，在特定的构造背景下所形成的富磷过铝质岩浆体系很可能是一种富含稀有金属的岩浆，与 W、Sn、Be、Nb、Ta、Zr、Hf 等稀有金属矿化具有成因联系。

4 富磷过铝质岩浆体系的液态不混溶实验研究

4.1 研究现状及问题的提出

岩浆液态分离或称岩浆不混溶的观点，早在 19 世纪末 20 世纪初，就受到了西方学者的广泛关注。后来经过 Bowen（1928）的实验否定和结晶分异理论的冲击，岩浆液态分离假说逐渐沉默。20 世纪 50 年代，Roedder（1951）首先在 K_2O-FeO-Al_2O_3-SiO_2 体系中获得了低温不混溶区，但当时未引起重视，直到 Roedder（1970）在月岩中发现了互相不混溶两种成分的玻璃（熔体）以后，岩浆液态分离的假说才又开始盛行。自 Roedder 以后，其他学者在玄武岩、碱性岩、碱性超基性岩和碳酸盐等不同成分岩石中相继发现了液态分离现象，这些不混溶可分成硅酸盐-硅酸盐、硅酸盐-碳酸盐、硅酸盐-硫化物、硅酸盐-氧化物和硅酸盐-盐类等共轭组分对，反映出自然界岩浆液态分离的类型和成分的多样性。与此同时，一些学者对基性岩、碱性岩和碳酸盐体系的液态分离现象进行了实验研究，证实上述共轭组分对之间存在稳定不混溶区，为岩浆液态分离现象提供了实验证据（王联魁和黄智龙，2000 及其所引文献）。

与基性、超基性和碱性岩相比，有关花岗岩液态分离的研究未受到重视。但我国华南地区 Li-F 花岗岩高水平研究成果的取得和大量实际资料的积累、生产实践中矿山的开采和勘探工程对露头的揭露以及自然露头剥蚀适中等，为我国学者在 Li-F 花岗岩液态分离的研究过程中提供了得天独厚的客观条件。有学者将鹅髓岩、香花岭岩和云南黑鳞云母岩看作是液态分离的产物（沈敢富，1983；杜绍华等，1984；高子英等，1991）。冯志文等（1989）研究大吉山、黄沙花岗岩时，根据似伟晶岩矿物中存在不混溶包裹体，将含矿花岗岩与似伟晶岩看作是岩浆液态分离作用的产物；王京彬（1990）认为九嶷山中螃蟹木 Li-F 花岗岩的"似云英岩"包体是岩浆液态分离的结果；孟良义（1993）将博罗花岗岩体的水平分带（富钾和稀土的花岗岩位于中心相带、富钠和铌铍花岗岩为中带、富锂钽花岗岩在最外带）认为是岩浆不混溶的结果。王联魁和黄智龙（2000）编著的《Li-F 花岗岩液态分离与实验》一书中详细地介绍了关于 Li-F 花岗岩液态分离的现象，及其 Li-F 花岗岩液态分离在岩石成分、结构构造、矿物（成分、结构、组合和含量）、微量元素、稀土元素、同位素和包裹体等多方面的特征。

早在 20 世纪 70 年代，苏联学者在进行花岗岩-H_2O-NaF、花岗岩-H_2O-KF 和花岗岩-H_2O-HF 体系的相平衡研究时，均发现在上述体系中存在硅酸盐熔体与氟化物熔体不混溶的现象（王联魁和黄智龙，2000）。王联魁等（1986；1987；1994）在华南花岗岩-LiF-NaF-H_2O 体系的实验研究中，也揭示了存在贫 F 硅酸盐熔体-富氟硅酸盐熔体-氟化物熔体的三相不混溶现象，由此提出花岗岩中的条带构造、层状构造和矿化囊包体是岩浆液态分离的结果。饶冰（1991）根据对花岗岩-LiF-NaF-H_2O 体系的实验研究提出该体系存在两个液相不混溶区，随着压力降低不混溶区扩大，产生不混溶的下限 F 含量（质量分数）大于 3%。在随后的实验中，成功地复制出 Li-F 花岗岩中常见的不混溶球粒结构、乳滴结构、条带结构、涡流结构和杏仁结构（饶冰，1992；1994）。

Zhu 等（1996）和朱永峰等（1995a；b）在常压下进行了花岗岩-KBO_4-Na_2MoO_4-WO_3 体系的实验，实验结果表明，高温下均一的熔体随温度降低发生不混溶，分离出含矿熔体的小液滴，体系中的 Mo 和 W 几乎全部富集在这类小液滴中，同时小液滴还富 Ca、Mg、P、H_2O 和 F，而贫 Si、Al 和 K，由此他们认为这种小液滴的出溶是指示岩浆液态分离直接形成斑岩型矿床的证据。彭省临等（1995）对华南邓阜仙含钨锡斑状花岗岩加入含 NaCl、HF、KF、H_2O 的流体介质进行了实验，在 150MPa、800℃条件下，产生了岩浆液态分离，产物中出现浅色和深色两种玻璃（熔体），浅色玻璃富 SiO_2，深色玻璃富 FeO、MgO 和 CaO，钨和锡在浅色玻璃/深色玻璃之间的分配系数分别高达 4.18 和 3.82。显然，钨、锡具有强烈富集于富 SiO_2 熔体中的趋向，实验结果为岩浆液态分离形成钨锡矿床提供了实验证据。

综上所述，液态分离是客观存在的一种岩浆作用和地质现象，Li-F 花岗岩体系中液态分离是该体系形成和演化过程中的一个重要特征，它与稀有金属富集矿化有着密切的相关性。

在捷克 Podles 典型 Li-F 花岗岩矿物中，含熔体-熔体不混溶包体可能是高磷硅酸盐和高氟硅酸盐熔体不混溶的结果（Seltmann et al.，1997），Webster 等（1997）在研究德国东部的 Ehrenfriedersdrof 伟晶岩中石英熔融包裹体时，在 850℃条件下将其均一后发现高硅熔体中存在高磷熔体球粒，应该是岩浆不混溶的体现。

新疆阿尔泰 3 号伟晶岩脉为典型的高磷（P_2O_5 质量分数为 5.4%～6.8%）过铝质体系，其中糖粒状钠长石带明显由两种不同组构岩性组成，浅色部分以细粒的钠长石-白云母共生组合（占该带体积的 75%～85%）为特征，深色部分以粗粒的磷灰石-绿柱石-锰铝榴石-铌钽锰矿-石英共生组合（占 15%～25%）为特征，后者呈巢状、团状分布于浅色岩性中。显然，糖粒状钠长石带中两种不同岩石组构意味着它们的岩石类型存在显著差异，深色部分的矿物共生组合暗示较大程度富集 P、Ca、Mn、Be、Nb（Ta）、REE 等组分，由此，张辉（2001）提出糖粒状钠长石带可能由富 P 引起的岩浆液相不混溶的两相固结而成，浅色部分代表酸性岩浆固结产物（具有富 Si 的特征），而深色部分则代表基性岩浆形成的产物（具有富 P 特征）。

熔融包裹体和岩石学证据表明，在过铝质体系形成和演化过程中，与 Li-F 花岗岩类似，很可能存在由过磷引起的岩浆液相不混溶现象。但对于富磷过铝质岩浆体系发生液态分离所应具备的条件及其潜在成矿的意义如何，现在仍是个未知数。本章拟利用实验的手段，对上述问题进行探讨。

4.2　实验结果

本章实验研究了不同温度（600~850℃）、压力（150MPa、100MPa 和 50MPa）、P_2O_5 含量（质量分数）（0.27%~20%）及含成矿元素 $w(SnO)$ = 1%、$w(BeO)$ = 1% 和不含成矿元素条件下，过铝质岩浆体系中的液态分离现象。

淬火后的实验产物呈白色扁平玻璃柱，实验产物采用了偏光显微镜鉴定和电子探针分析。在 100MPa 压力条件下，P_2O_5 含量（质量分数）从 0.27% 增加到 7.71%，淬火产物均为均一玻璃。

在 P_2O_5 含量（质量分数）为 5% 的体系中，出现了较多类似不混溶的结构特征，包括不混溶球粒结构（图 4-1a、b 和 e）、新月形结构（图 4-1c）以及杏仁状构造（图 4-1g）。对图 4-1a 中疑似不混溶球粒（1 和 2）进行了电子探针的分析，结果表明，基底玻璃和球粒的成分稍有差异（见表 4-1）。利用二次电子成像对实验产物的表面形貌进行了分析，发现上述不混溶结构可能是在淬火过程中，挥发分逃逸，在熔体相留下气孔造成的假象（图 4-1d、f 和 h）。

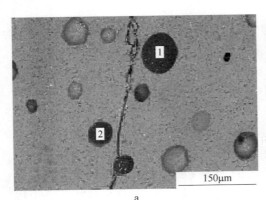
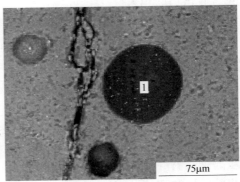

a　　　　　　　　　　　　　　　　　　b

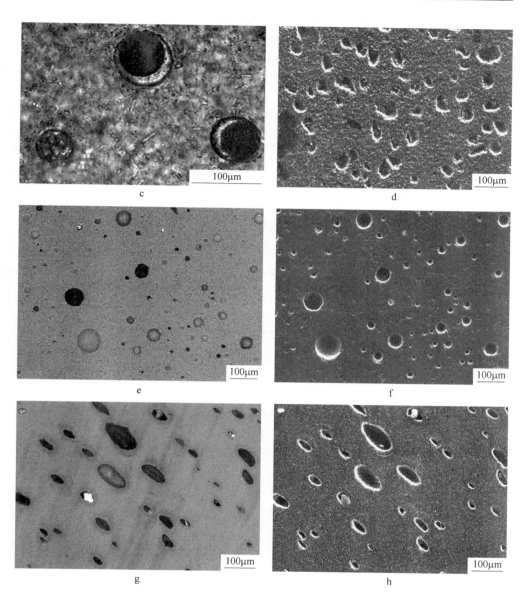

图 4-1　实验产物的显微照片、背散射图像以及二次电子成像图

a—P5 - 5 - 5 的背散射图（$w(P_2O_5) = 5\%$、含成矿元素、$T = 800℃$、$P = 100MPa$）；b—a 图中

球粒 1 的放大；c—P5 - 5 - 5 的显微照片；d—P20 - 21 - 8 的二次电子成像（$w(P_2O_5) = $

20%、$w(SnO_2) = 1\%$、$w(BeO) = 1\%$、$T = 850℃$、$P = 100MPa$）；e—P5 - 19 - 7 的背散射图

（$w(P_2O_5) = 5\%$、不含成矿元素、$T = 600℃$、$P = 100MPa$）；f—P5 - 19 - 7 的二次电子成像；

g—P5 - 9 - 8 的背散射图（$w(P_2O_5) = 5\%$、不含成矿元素、$T = 850℃$、

$P = 100MPa$）；h—P5 - 9 - 8 的二次电子成像

表 4-1　球粒和基底玻璃化学组成的 EMPA 结果　　（质量分数/%）

玻璃名称	SiO_2	Al_2O_3	Na_2O	K_2O	P_2O_5
基底玻璃	75.15	15.26	2.16	2.85	4.58
1 号球粒	76.14	14.04	1.59	2.92	5.32
2 号球粒	75.43	14.60	2.24	2.97	4.88

　　考虑到液相不混溶区与温度、压力和熔体组成相关（饶冰，1991；王联魁等，2000），在随后的实验中，反复进行不同压力（150MPa、50MPa），降低温度（由 850℃降至 600℃），增大体系中 Be、Sn（1.0%（质量分数）BeO+1.0%（质量分数）SnO_2）以及 P 含量（20%（质量分数）P_2O_5）的实验工作，所有实验产物中未出现不混溶球粒结构、乳滴结构或流动构造（图 4-1d）。由于约 2% 的成矿元素（BeO、SnO）和 20% 的 P_2O_5 的加入量（质量分数），远大于目前过铝质花岗岩中所报道的值 $w(\text{Be}) < 500 \times 10^{-6}$，$w(\text{Sn}) < 2100 \times 10^{-6}$，$w(P_2O_5) <$ 8.22%；据 Webster et al.，1997；Thomas et al.，1998，由此，我们初步推断，富磷过铝质岩浆体系很可能不存在液态分离现象。

4.3　讨论

　　F 进入到硅酸盐熔体后将通过取代四面体中的氧，导致三维网络结构的解聚（Liu and Nekvasil，2002；王联魁等，2000 及其所引文献）。由于熔体中取代桥氧位置的 F^- 仅为单价电荷，只能与两个四面体阳离子中的一个结合，另一个四面体的阳离子则与别的 F^- 离子结合，或与氧原子结合，这个错位氧原子同时又需要一个相邻的碱金属离子以达电价平衡。由于 F 取代桥氧形成了富 F 单元，当这种富 F 单元逐渐增加到一定程度时，将形成以独立结构单元为主的富 F 熔体，从而产生贫 F 硅酸盐熔体与富 F 硅酸盐熔体的不混溶。

　　磷的电负性（2.19）比硅（1.90）大，表明磷更容易与熔体中金属离子结合。已有的研究表明，P 在不同组分的硅酸盐熔体中，其溶解机制显著不同。Mysen（1992）发现 P_2O_5 在 SiO-CaO-FeO 体系中主要与 Fe^{3+} 结合，形成独立于硅酸盐结构之外的 $FePO_4$ 单元；Visser 和 VanGroos（1979）的实验研究揭示，P_2O_5 的加入将有效地扩大 $K_2O\text{-}FeO\text{-}Al_2O_3\text{-}SiO_2$ 体系的不混溶液相（基性-酸性液相）场，P、Ca、Mn、Mg、Sr、Ba、Cr、Ti、Zr、Ta、REE 等强烈分配到不混溶的基性液相中，可能是 P 与高价离子结合，形成独立于硅酸盐熔体结构之外的富 P 结构单元所致。P 在碱性硅酸盐熔体中，主要与 M 结合（M 为碱金属 Na、K），根据 P 与 M 的比值不同，形成聚合程度不同的磷酸盐单元，如 $NaPO_3$、$Na_4P_2O_7$、Na_3PO_4 等（Nelson and Tallant，1984；Dupree et al.，1988；Gan and Hess，

1992）。在 1250℃、200MPa 条件下，苏联学者在霞石-磷灰石-$NaPO_3$ 和钠长石-磷灰石-$NaPO_3$ 体系中，发现了富 SiO_2 熔体与碱磷酸盐熔体的液态分离（曾贻善，2003）。但在过铝质硅酸盐熔体中，P 主要与过量的 Al 结合，生成 $AlPO_4$（Mysen，1998；Schaller et al.，1999；Toplis and Schaller，1998），或更有可能是形成了类似于 Q_{Si}^n（$n = 1 \sim 4$）的结构单元 Q_P^n（$n = 1 \sim 4$）（Cody et al.，2001；Mysen and Cody，2001），因此，在过铝质熔体中，P 可能完全替代 Si 而进入到硅酸盐熔体结构，以致不利于液态分离的产生。

Hudon 和 Baker（2002）认为影响不混溶发生的主要因素是库仑斥力 Z/R^2。Z/R^2 小的阳离子（M），M-O 键能小，其争夺非桥氧的能力弱，因争不到非桥氧，或是形成 Si-O-M 键，或是作为电荷补偿于 Al 一起进入到四面体结构单元中；而 Z/R^2 大的离子，M-O 键能大，其争夺非桥氧的能力强，当争夺到非桥氧后，便形成独立的结构单元，当这种能形成独立的结构单元的变网离子的含量增加时，就能形成以独立单元为主的熔体相，从而产生不混溶。在硅酸盐体系的主要变网离子中，按 Mg > Ca > Sr > Ba > Li > Na > K 的顺序，产生不混溶的能力逐渐降低，而阴离子团 CO_3、Cl、F、BO_3、PO_4 等对不混溶产生的作用却是次要的。

在花岗岩液态分离的实验研究中，实验采用含有较高 Fe-Mg 的天然花岗岩（王联魁等，2000；朱永峰等，1995a；彭省临等 1995），同时在体系含多种挥发分（包括 F、Li、H_2O 等）的条件下（王联魁等，2000），往往能产生岩浆液态分离；而采用人造花岗岩（Wyllie and Tuttle，1964；Manning，1981；Pichavant，1987；Dingwell et al.，1985，1992，1993a，b）或贫 Fe-Mg 的天然花岗岩（熊小林，1995）作为实验初始物，除 H_2O 外，即使加入高含量单一挥发分（F 或 B）条件下多未发生不混溶现象（表 4-2）。究其原因，可能是后者实验初始物中挥发分单一，更主要的是缺少高价阳离子的缘故。富含高价离子和多种挥发分共存的天然花岗岩则不同，高 Fe-Mg 含量及高场强元素（HFSE）与多种挥发分共存有利于岩浆不混溶的发生，因此，在实验降温过程中，此类花岗岩很容易出现不混溶现象（王联魁等，2000）。

表 4-2 不同实验初始物化学组成比较 （%）

样品号	YS-02-48	XHP-8	ZGS-1	Zhu-1	DFX
SiO_2	73.82	72.46	72.29	63.06	66.31
TiO_2	0.02	0.01	0.20	0.43	1.01
Al_2O_3	15.17	15.76	12.72	15.72	15.21

样品号	YS-02-48	XHP-8	ZGS-1	Zhu-1	DFX
Fe_2O_3	0.32	0.21	0.58	—	4.68
FeO	—	0.43	2.32	2.54	—
MnO	0.09	0.10	0.07	0.04	0.16
MgO	0.02	0.12	0.57	0.91	1.61
CaO	0.49	0.14	1.81	1.46	2.22
Na_2O	5.12	5.15	3.07	2.97	2.88
K_2O	3.42	3.97	5.30	6.40	3.19
P_2O_5	0.32		0.03	0.08	
F	0.23	1.00	0.62		
MoO_2	—			2.61	
总量	99.69	99.35	99.58	99.87	97.27

注：YS-02-48 为雅山 414 号岩体钠长花岗岩（本次实验）；XHP-8 为湖南香花铺钠长花岗岩（熊小林，1995）；ZGS-1 为诸广山燕山早期黑云母花岗岩（王联魁等，2000）；Zhu-1 为 Eldjurti 黑云母花岗岩与其中暗色包体的合成组分（朱永峰等，1995a）；DFX 为邓阜仙粗粒似斑状黑云母花岗岩（彭省临等，1995）。

　　综上所述，本次实验研究还不能完全确证"富 P 过铝质岩浆体系不存在液态分离"这一结论，还有待于进一步的研究，其理由是：（1）进行不混溶实验的初始物 YS-02-48，铁镁质含量过低，Fe_2O_3、MgO 和 CaO 的含量分别仅为 0.32%、0.02% 和 0.49%（表 4-2），由于熔体中明显缺少 6 配位的 Fe、Mg、Ca 等变网离子，不利于熔体的解聚和不混溶结构的发生；（2）由 Webster 等（1997）根据熔体包裹体研究所揭示的过铝质伟晶岩中液态不混溶现象，事实上由熔体包裹体所反映的形成伟晶岩熔体不仅具有高的 P 含量，而且以高 F 含量为特征 $w(P_2O_5) = 3.1\%$ 和 $w(F) = 3.5\%$（Thomas et al.，1998）；Seltmann 等（1997）对捷克 Podlesi 的 Li-F 花岗岩石英熔体包裹体研究也发现类似的情形，因此，Webster 等（1997）在熔体包裹体中所发现的过铝质伟晶岩存在液态不混溶现象，抑或是由体系富 F 引起的，或者是由 F、P 协同作用的结果。根据以上分析，我们拟将在下一步利用诸广山黑云母花岗岩为实验初始物，继续开展富 P 岩浆体系和富 P、F 岩浆体系的不混溶实验研究。

5 磷酸盐-硅酸盐反应对过铝质岩浆中 P_2O_5 含量制约的实验研究

5.1 研究现状

London 等（1999）确立了 200MPa、520～850℃ 条件下硅酸盐-磷酸盐平衡反应对过铝质岩浆熔体相中 P_2O_5 含量的制约关系。其结果显示：黑云母-斜磷锰铁矿平衡反应控制过铝质熔体相中 P_2O_5 含量（质量分数）在 700℃时的 1.3% 至 850℃时的 1.57% 范围，锰铝榴石-斜磷锰铁矿的平衡使熔体相中的 P_2O_5 含量（质量分数）变化于 600℃时的 0.96% 至 850℃时的 2.40% 范围，而透锂长石-磷铝锂石-羟磷铝锂石-石英平衡反应制约熔体相中的 P_2O_5 含量（质量分数）变化于 525℃时的 1.4% 至 700℃时的 7.2% 较大范围。

富磷过铝质岩浆中 P_2O_5 含量（质量分数）绝大多数分布在 0.2%～1.2% 之间（图 5-1），往往低于上述矿物组合制约下的 P_2O_5 含量。过铝质岩浆以低的 Fe-Mg 为特征，不易见到镁铁磷酸盐-硅酸盐矿物组合，而磷铝锂石-羟磷铝锂石的矿物组合也只有在过铝质岩浆晚期演化阶段才会出现。

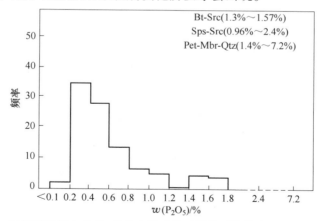

图 5-1 过铝质岩体中 P_2O_5 的分布及矿物对平衡对熔体中 P_2O_5 含量的制约

Bt-Src—黑云母-斜磷铁锰矿组合；Sps-Src—锰铝榴石-斜磷锰铁矿组合；
Pet-Mbr-Qtz—透锂长石-羟磷铝锂石-石英组合（据 London et al.，1999）

在过铝质岩浆演化早期阶段，磷灰石是主要的磷酸盐矿物相（Walker et al.，1986；Jolliff et al.，1989，张辉，2001），Belousova 等（2002）与 Sha 和 Chappell（1999）的研究表明，S 型花岗岩以及伟晶岩中的磷灰石往往具有高的 Mn 含量，张辉（2001）的研究也证实了这一点，阿尔泰3号伟晶岩脉各结构带中的磷灰石都以每单位结构式中含有显著高的 Mn 原子数（apfu）（I~Ⅳ带 0.49~1.08apfu，V~核部带 0.39~1.35apfu），且与锰铝榴石矿物紧密共生为特征。由此，过铝质岩浆体系中的锰铝榴石-磷灰石平衡反应很可能是制约岩浆中 P₂O₅ 含量的重要因素。

5.2　实验结果

本章实验研究了 100MPa、含5%（质量分数）H₂O、不同温度（650℃、700℃、750℃和830℃）条件下锰铝榴石-磷灰石矿物平衡反应对过铝质熔体中 P₂O₅ 含量的制约关系，其中650℃、700℃条件下实验平衡时间为28天，750℃和830℃条件下实验平衡时间为14天。

显微镜下观察及 EMPA 分析表明，不同条件下实验产物均由熔体相、磷灰石和锰铝榴石矿物组成（图5-2）。实验结果表明，熔体相中 P₂O₅ 含量（质量分数）变化于650℃的 0.11%~0.72%、700℃的 0.15%~0.75%、750℃的 0.47%~0.80% 及830℃的 0.35%~2.26% 范围（表5-1~表5-4 和图5-3）。其中750℃和

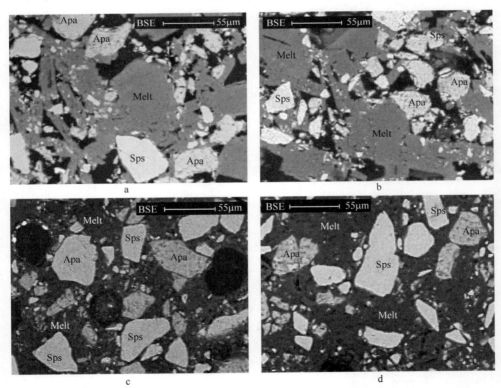

图 5-2　实验产物的 BSE 图

a—NG-31-5(650℃)；b—NG-31-6(700℃)；c—NG-31-7(750℃)；d—NG-31-8(830℃)

Apa—磷灰石；Sps—锰铝榴石；Melt—熔体

表5-1　实验产物熔体相化学组成（样品号：NG-31-8；实验条件：100MPa、830℃）

氧化物	1	2	3	4	5	6	7	8	9	10	11	12	13	14	15	16	17	18	19	20
SiO_2	67.40	66.39	65.80	66.93	65.37	67.31	68.28	67.50	68.00	68.50	67.76	65.02	65.33	67.20	68.69	67.78	67.58	68.61	66.85	66.85
Al_2O_3	14.54	14.84	14.75	15.60	15.13	15.02	14.91	14.96	14.71	15.12	14.66	15.01	14.67	14.79	14.50	14.95	14.45	14.49	15.01	15.01
Na_2O	3.30	3.16	2.75	2.54	3.94	2.94	1.66	3.30	2.65	2.96	2.61	2.89	2.98	3.13	2.68	2.44	2.79	3.15	3.33	2.68
K_2O	3.22	3.24	3.25	3.07	3.22	3.26	3.30	3.36	3.36	3.27	3.29	3.39	3.13	3.37	3.28	3.26	3.35	3.17	3.25	3.21
FeO	0.94	0.80	0.90	0.98	0.88	0.91	0.89	0.83	0.87	0.85	0.82	0.86	0.84	0.87	0.89	0.87	0.81	0.87	0.94	0.91
MgO	0.06	0.05	0.04	0.04	0.09	0.05	0.06	0.05	0.05	0.01	0.06	0.02	0.03	0.03	0.03	0.03	0.06	0.04	0.05	0.06
MnO	0.87	0.65	0.92	0.92	0.78	0.79	0.75	0.67	0.78	0.73	0.72	0.82	0.90	0.87	0.74	0.69	0.73	0.71	0.81	0.81
CaO	1.26	0.69	3.98	1.19	1.62	0.95	0.71	0.78	0.89	0.77	0.97	2.49	3.90	2.63	1.04	0.62	0.76	0.59	0.69	1.26
TiO_2	0.01	0.01	0.01	0.02	0.02	0.01	0.01	0.01	0.01	0.02	0.02	0.01	0.02	0.02	0.01	0.03	0.02	0.02	0.02	0.01
P_2O_5	0.70	0.35	2.26	0.61	0.83	0.53	0.46	0.46	0.64	0.40	0.56	1.33	2.08	1.38	0.66	0.42	0.49	0.42	0.50	0.70
总量	92.29	90.18	94.65	91.89	91.87	91.76	91.02	91.91	91.96	92.63	91.47	91.85	93.88	94.29	92.53	91.09	91.04	92.07	91.45	91.51
ASI[①]	1.30	1.49	0.97	1.62	1.17	1.49	1.96	1.43	1.53	1.54	1.52	1.16	0.95	1.09	1.47	1.72	1.51	1.50	1.47	1.47

组成/%

① ASI = Al_2O_3/(Na_2O + K_2O + CaO) 摩尔比值。

表 5-2 实验产物熔体相化学组成（样品号：NG-31-7；实验条件：100MPa，750℃）

氧化物		1	2	3	4	5	6	7	8	9	10	11	12	13	14	15
组成/%	SiO_2	66.97	69.56	70.85	69.37	69.41	69.21	71.89	70.70	71.39	71.91	71.00	70.88	69.87	70.03	71.25
	Al_2O_3	15.70	14.95	14.96	15.62	14.77	14.10	13.53	13.38	13.37	13.91	13.47	13.54	15.07	15.17	13.72
	Na_2O	4.73	3.54	3.53	3.66	3.79	3.46	2.72	2.88	3.30	3.88	2.65	3.41	3.53	3.58	3.85
	K_2O	3.01	3.60	3.86	3.49	3.28	3.69	3.68	3.74	3.63	3.63	3.67	3.70	3.31	3.34	3.53
	FeO	0.55	0.55	0.51	0.51	0.60	0.55	0.59	0.61	0.55	0.58	0.53	0.63	0.55	0.47	0.54
	MgO	0.04	0.08	0.03	0.03	0.05	0.08	0.03	0.06	0.07	0.10	0.04	0.04	0.06	0.08	0.06
	MnO	0.48	0.49	0.36	0.35	0.61	0.41	0.48	0.62	0.40	0.39	0.39	0.35	0.38	0.32	0.37
	CaO	1.35	1.50	0.49	0.96	1.02	1.03	0.45	0.69	0.37	0.44	0.22	0.22	1.15	0.62	0.35
	TiO_2	0.01	0.01	0.02	0.02	0.02	0.02	0.01	0.01	0.03	0.02	0.01	0.02	0.01	0.01	0.02
	P_2O_5	0.77	0.80	0.53	0.49	0.59	0.53	0.61	0.58	0.52	0.51	0.55	0.48	0.60	0.47	0.50
	总量	93.61	95.06	95.15	94.51	94.13	93.09	94.00	93.27	93.62	95.35	92.53	93.27	94.54	94.08	94.17
	ASI	1.16	1.20	1.38	1.35	1.27	1.22	1.46	1.33	1.33	1.25	1.54	1.35	1.31	1.43	1.27

表 5-3　实验产物熔体相化学组成（样品号：NG-31-6；实验条件：100MPa，700℃）

氧化物	1	2	3	4	5	6	7	8	9	10	11	12	13	14	15	16	17	18
SiO_2	66.73	66.68	66.97	66.65	66.63	65.04	64.80	62.58	65.11	65.53	66.83	66.59	66.20	66.49	66.07	65.59	65.60	66.33
Al_2O_3	21.96	21.94	21.41	21.46	22.10	22.01	22.01	21.90	21.04	20.53	21.49	20.76	21.81	20.79	22.18	21.75	22.60	21.77
Na_2O	9.75	9.81	10.11	9.86	9.86	9.96	9.52	9.24	10.11	6.85	9.88	9.92	9.18	9.70	9.90	9.99	9.66	9.50
K_2O	1.45	1.82	1.62	1.71	1.48	1.50	1.89	1.72	1.64	4.95	2.05	1.49	1.51	1.20	0.88	1.30	1.60	1.86
FeO	0.13	0.13	0.22	0.15	0.14	0.28	0.15	1.70	0.12	0.19	0.12	0.18	0.17	0.23	0.16	0.17	0.19	0.18
MgO	0.01	0	0.02	0	0	0	0	0.03	0.02	0	0	0	0.12	0.01	0.01	0	0	0.01
MnO	0.10	0.08	0.25	0.13	0.13	0.23	0.14	0.31	0.10	0.15	0.10	0.14	0.13	0.19	0.12	0.18	0.19	0.15
CaO	2.43	2.57	2.42	2.36	2.89	3.02	3.03	3.80	1.60	1.07	2.30	2.07	1.85	2.43	3.09	2.65	3.43	3.52
TiO_2	0.01	0.01	0.02	0	0	0	0.01	0.01	0	0.01	0	0	0	0.01	0.02	0	0	0
P_2O_5	0.17	0.15	0.29	0.24	0.18	0.33	0.34	0.58	0.18	0.44	0.17	0.15	0.18	0.21	0.16	0.23	0.34	0.29
总量	102.7	103.2	103.3	102.6	103.4	102.4	101.9	101.8	99.9	99.7	102.9	101.3	101.1	101.3	102.6	101.9	103.6	103.6
ASI	1.00	0.96	0.94	0.96	0.96	0.94	0.95	0.91	0.99	1.11	0.95	0.96	1.09	0.96	0.97	0.96	0.95	0.91

组成/%

表 5-4　实验产物熔体相化学组成（样品号：NG-31-5；实验条件：100MPa，650℃）

氧化物	1	2	3	4	5	6	7	8	9	10	11	12	13	14	15
SiO_2	66.03	67.23	69.43	66.97	67.09	66.89	66.94	65.78	66.19	65.81	68.45	65.55	66.76	65.30	65.36
Al_2O_3	20.12	20.85	20.07	21.01	20.56	21.02	20.91	20.51	20.80	20.46	20.52	20.60	21.34	20.64	20.26
Na_2O	9.29	9.08	10.14	7.31	8.78	10.28	9.86	8.86	10.31	10.00	9.59	8.42	7.50	8.28	9.60
K_2O	2.88	2.45	1.74	4.66	4.11	1.36	1.99	3.87	1.86	2.26	1.91	4.77	3.89	4.77	2.67
FeO	0.12	0.10	0.08	0.12	0.10	0.10	0.11	0.21	0.08	0.17	0.10	0.16	0.13	0.20	0.20
MgO	0	0	0.02	0	0	0	0	0.01	0	0	0	0	0	0.04	0.02
MnO	0.15	0.11	0.12	0.13	0.13	0.10	0.15	0.18	0.09	0.27	0.09	0.28	0.12	0.20	0.40
CaO	2.26	1.45	0.99	1.11	1.05	1.53	1.92	1.11	1.01	2.94	1.28	1.76	1.15	1.03	1.90
TiO_2	0	0.01	0	0	0	0	0.01	0.01	0	0.01	0	0	0.01	0.01	0
P_2O_5	0.25	0.13	0.14	0.27	0.23	0.14	0.25	0.32	0.19	0.22	0.11	0.72	0.43	0.49	0.35
总量	101.1	101.4	102.7	101.6	102.0	101.4	102.1	100.8	100.5	102.1	102.0	102.3	101.3	100.9	100.8
ASI	0.89	1.03	0.99	1.10	0.99	0.99	0.96	0.99	1.00	0.84	1.02	0.93	1.15	1.00	0.91

组成 /%

830℃下实验产物熔体相中的 P_2O_5 含量与熔体的 ASI 存在相关性，随着 ASI 增大，P_2O_5 在熔体中溶解显示略有降低趋势（图 5-4），其数据可拟合为如下二次方程（适应范围 $ASI < 1.61$）：

$$w(P_2O_5) = 3.5ASI^2 - 11.3ASI + 9.5$$

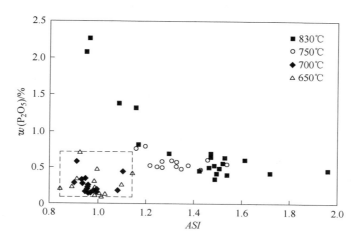

图 5-3　100MPa、不同温度下熔体相中 P_2O_5 的含量

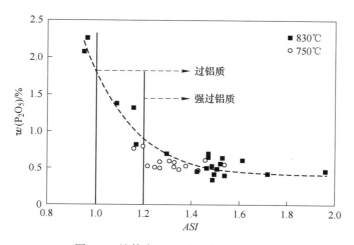

图 5-4　熔体中 P_2O_5 含量与 ASI 的关系

5.3　讨论

5.3.1　P 在熔体中的扩散及化学平衡

根据前人的实验结果，P 在含水硅酸盐熔体中的扩散速率 D 与温度 T 存在如

下关系（Wolf and London，1994）：

$$D = 1.4 \times 10^{-3} \exp[-3798.69/(RT)]$$

式中，$R = 8.319 \mathrm{J}/(\mathrm{mol \cdot K})$；$T$ 为绝对温度。在本实验条件下，P 在熔体中的扩散速率分布于 $1.42 \times 10^{-12} \sim 4.17 \times 10^{-11} \mathrm{cm^2/s}$ 的范围内（表 5-5）。由于 Ca 等其他元素的扩散速率是 P 的 $3 \sim 10$ 倍（Wolf and London，1994），因此，P 在熔体中的扩散是矿物-熔体实验体系是否达到平衡的主要控制因素。

表 5-5   P 在熔体中的扩散与时间的关系

$T/℃$	$D/\mathrm{cm^2 \cdot s^{-1}}$	$(Dt)^{1/2}/\mu m$	t/d
650	1.42×10^{-12}	18.5	28
700	4.12×10^{-12}	31.6	28
750	1.08×10^{-11}	36.1	14
830	4.17×10^{-11}	71.0	14

注：D—扩散速率；Dt—扩散距离；t—实验时间。

根据不同温度下 P 在熔体中扩散速率以及扩散时间，我们可以获得 P 在实验体系中扩散距离的理论值。在 650℃ 和 700℃ 条件下，矿物-熔体平衡时间为 28 天，P 在熔体中的扩散距离分别为 18.5μm 和 31.6μm，而在相对高的温度（750℃ 和 830℃）条件下，P 在熔体中扩散距离增大，在 14 天内分别达到 36.1μm 和 71μm（表 5-5）。

对不同条件下实验产物 EMPA 线扫描分析结果表明，Na、Al、Si、P、Ca 以及 Mn 元素在高温条件下实验产物玻璃相中的分布相对均匀，在低温条件下其实验产物玻璃中分布则不均匀（图 5-5）。不同测点的 EMPA 分析结果表明，750℃ 与 830℃ 条件下实验产物玻璃中 SiO_2、Al_2O_3、Na_2O、K_2O、CaO、MnO 含量（质量分数）相对均一，分别主要分布于 65.0% ~ 68.7%、14.5% ~ 15.6%、1.7% ~ 3.9%、3.1% ~ 3.4%、0.6% ~ 4.0%、0.65% ~ 0.92%（830℃）和 67.0% ~ 71.9%、13.4% ~ 15.7%、2.7% ~ 4.7%、3.0% ~ 3.9%、0.22% ~ 1.5%、0.32% ~ 0.62%（750℃）范围；而 650℃ 和 700℃ 条件下实验产物玻璃中以含有异常高的 Al_2O_3、Na_2O 含量（质量分数）（ >20% Al_2O_3 和 >8% Na_2O）、异常低的 MnO 含量（质量分数）（MnO 主要分布于 0.1% ~ 0.2% 范围）以及变化较大的 K_2O、CaO 含量（质量分数）为特征（650℃ 条件下变化于 1.36% ~ 4.77% K_2O、0.99% ~ 2.94% CaO；700℃ 条件下变化于 0.88% ~ 4.95% K_2O、1.07% ~ 3.8% CaO）（表 5-1 ~ 表 5-4）。由此不难推断，650℃ 和 700℃ 条件下实

验体系并未达到扩散平衡，实验产物玻璃中异常低的 MnO 含量预示着在低温下锰铝榴石并未溶解。高温条件下（750℃和830℃），P 在熔体中相对较快的扩散速率以及相对均匀的 SiO_2、Al_2O_3、Na_2O、K_2O、CaO、MnO 含量，表明矿物对与熔体反应体系已达到扩散平衡和化学平衡。

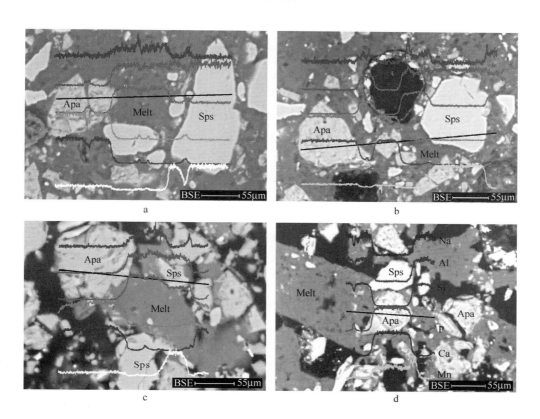

图 5-5　实验产物 EMPA 线扫描

a—NG-31-8（830℃）；b—NG-31-7（750℃）；c—NG-31-6（700℃）；d—NG-31-5（650℃）

Apa—磷灰石；Sps—锰铝榴石；Melt—熔体

5.3.2　磷灰石-锰铝榴石平衡反应对熔体中 P_2O_5 含量的制约及其机制

与实验初始物化学组成比较，750℃和830℃条件下实验产物玻璃相中 SiO_2、Al_2O_3、K_2O 以及 Na_2O 含量相对减少，而 MnO、P_2O_5 和 CaO 含量相应增加，预示着在该条件下氟磷灰石、锰铝榴石在熔体相中溶解。在本章研究中，尽管实验初始物钠长花岗岩玻璃中含有一定量的 P_2O_5（质量分数约为 0.32%），但实验体系中过量磷灰石的存在（实验初始混合物中锰铝榴石：磷灰石：花岗岩 $=1:1:1$），预示着前者对实验产物熔体相中 P_2O_5 含量的影响微乎其微，可以被忽略。

本章实验体系中磷灰石为取自新疆阿尔泰 3 号伟晶岩脉文象伟晶岩带（Ⅰ 带）的含锰氟磷灰石，其主要化学组成（质量分数）为：39.22% P_2O_5、49.42% CaO、4.98% MnO 和 3.34% F。已有的研究表明，磷灰石在花岗质熔体中的溶解取决于温度（T）和熔体中 SiO_2 含量以及体系的 ASI 值，随温度及岩浆体系 ASI 增大而显著增大（Harrison and Watson，1984；Pichavant et al.，1992；Wolf and London，1994）。

根据 Wolf 和 London（1994）实验研究获得 200MPa、750℃ 条件下，磷灰石在过铝质岩浆中的溶解与 ASI 的函数关系式（$w(P_2O_5) = -3.4 + 3.1ASI$，$R = 0.833$），对于本章实验条件下所形成 ASI 变化于 1.1～1.6 的过铝质岩浆，其 P_2O_5 含量（质量分数）应变化于 0.01%～1.56% 范围内。显然，这与本章实验结果截然相反。本章实验结果表明，随着体系 ASI 的增大，熔体相中 P_2O_5 含量具逐渐降低的趋势（图 5-4）。实验产物熔体相中 P_2O_5 分布趋势与不同温度和 ASI 下的磷灰石溶解曲线毫无相关性（图 5-6）。此外，熔体相中的 P_2O_5 含量与 $CaO + MnO$ 之间具相关性 $[w(P_2O_5) = 0.09w(CaO + MnO)^2 - 0.1w(CaO + MnO) + 0.49]$，随着 $CaO + MnO$ 的增加，熔体相中的 P_2O_5 有增加的趋势（图 5-7），可能暗示过铝质岩浆体系中的 P_2O_5 含量不是受单方面磷灰石溶解模型控制，而是由磷灰石-锰铝榴石矿物对平衡制约。上述硅酸盐-磷酸盐矿物间平衡反应可表述为：

$$10(Ca,Mn)_3Al_2Si_3O_{12}(石榴石) + 9P_2O_5(m) + 3H_2O =\!=\!=$$
$$6(Ca,Mn)_5(PO_4)_3(OH)(磷灰石) + 10Al_2SiO_5(m) + 20SiO_2(m) \quad (5-1)$$

我们认为，上述化学平衡可分解成含锰氟磷灰石、锰铝榴石溶解以及端元磷灰石和钙铝榴石形成等中间过程，即：

$$(Mn,Ca)_5(PO_4)_3F(s) + 1/4O_2 =\!=\!=\!= 5(Mn,Ca)O(m) + 3/2P_2O_5(m) + F(m) \quad (5-2)$$

$$Mn_3Al_2Si_3O_{12} =\!=\!=\!= 3MnO(m) + Al_2O_3(m) + 3SiO_2(m) \quad (5-3)$$

$$5CaO(m) + 3/2P_2O_5(m) + F(m) =\!=\!=\!= Ca_5(PO_4)_3F(s) + 1/4O_2 \quad (5-4)$$

$$CaO(m) + Al_2O_3(m) + 3SiO_2(m) =\!=\!=\!= Ca_3Al_2Si_3O_{12}(s) \quad (5-5)$$

由式（5-3）可知，随着过铝质典型矿物锰铝榴石溶解，体系中 Al_2O_3 活度逐渐增大，即体系 ASI 增大，促使钙铝榴石结晶析出；与此同时，进行含锰氟磷灰石的溶解以及端元磷灰石的结晶。由于 8 配位时 Mn^{2+} 有效离子半径为 0.096nm，小于 Ca^{2+} 有效离子半径 0.112nm，当较多的 Mn^{2+} 替代进入晶格中

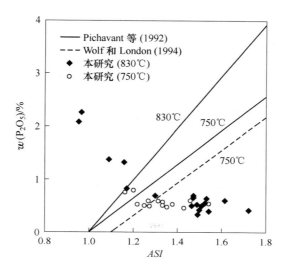

图 5-6　锰铝榴石-磷灰石对熔体相中 P_2O_5 含量的
制约及不同温度下磷灰石的溶解曲线

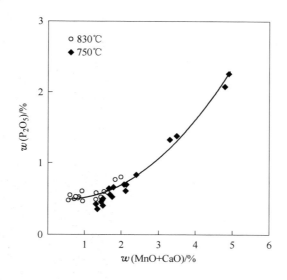

图 5-7　熔体中 P_2O_5 含量与 MnO + CaO 含量的关系

Ca（1）和 Ca（2）位时，造成磷灰石 Ca（1）和 Ca（2）配位多面体显著变小
（Hughes et al.，1991），因此，所形成的端元磷灰石更稳定。随着锰铝榴石溶解，
造成体系 ASI 增大，同时促进化学平衡式（5-4）向右进行，导致熔体相中 P_2O_5

含量的降低，这很可能是本章实验研究所揭示熔体中 P_2O_5 含量随体系 *ASI* 增大而降低的机制。

5.4　地质意义

如图 5-8 所示，自然界绝大多数过铝质岩体中的全岩 P_2O_5 落在锰铝榴石-富锰磷灰石矿物组合的制约范围内，说明锰铝榴石-富锰磷灰石这对矿物组合在过铝质岩浆演化过程中，在较大的范围内对熔体中 P_2O_5 含量起到了制约作用。根据本次实验结果并结合前人的资料，如磷灰石的溶解度，P 在碱性长石/熔体相间的分配以及透锂长石-磷铝锂石-羟磷铝锂石-石英矿物组合的平衡反应等，可以对 P 在过铝质岩浆的形成以及演化过程中的含量进行有效的估计。

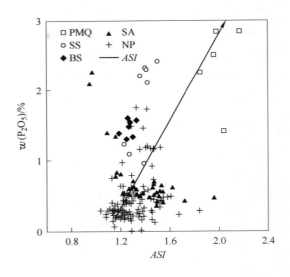

图 5-8　熔体中 P_2O_5 含量与 *ASI* 的关系

PMQ—透锂长石-(磷铝锂石-羟磷铝锂石)-石英组合（据 London et al.，1999）；
SS—锰铝榴石-斜磷锰铁矿组合（据 London et al.，1999）；BS—黑云母-斜磷
铁锰矿组合（据 London et al.，1999）；SA—锰铝榴石-磷灰石组合（本文）；
NP—自然界中富磷过铝质岩浆；图中带箭头的直线为磷灰石溶解曲线
（据 Wolf and London，1994）

本书绪论中较为详细地讨论了泥质岩部分熔融产生过铝质岩浆过程中，初始岩浆 P_2O_5 含量与磷灰石溶解度、源区磷灰石和部分熔融程度之间的关系。据 Acosta-Vigil 等（2003）的研究表明，由泥质岩部分熔融产生的过铝质岩浆的 *ASI* 值分布在 1.1 ~ 1.4 之间，因此，在源区具有足够多的磷灰石条件下，初始岩浆中

的 P_2O_5 含量（质量分数）分布在 0.01% ~ 0.96% 的范围内 $[w(P_2O_5) = -3.4 + 3.1ASI$，据 Wolf 和 London，1994]。然而，一旦源区磷灰石被全部溶解，初始岩浆中的 P_2O_5 含量将随着部分熔融程度的增加而急剧降低（$C^m = C^0/F$，C^m 和 C^0 分别为初始岩浆和源区 P_2O_5 含量，F 为部分熔融程度），最终初始岩浆中的 P_2O_5 含量将介于源区 P_2O_5 含量与磷灰石溶解度之间。

但本次实验研究表明，由泥质岩部分熔融形成过铝质岩浆过程中，富锰磷灰石-锰铝榴石的矿物对平衡反应很可能是 P_2O_5 含量的主要制约因素，初始岩浆中 P_2O_5 含量（质量分数）将变化于 750℃ 的 0.47% ~ 0.80%，830℃ 的 0.35% ~ 2.26% 范围，且随着岩浆 ASI 的增大，P_2O_5 含量有降低的趋势 $[w(P_2O_5) = 3.5ASI^2 - 11.3ASI + 9.5]$。

因富磷过铝质岩浆含有较低的 CaO，且在岩浆演化早期，斜长石的结晶携带了较多的 CaO，再加上过铝质岩浆往往朝着 ASI 增加的方向演化，磷灰石在熔体中的溶解度也相应地增加（Pichavant et al.，1992；Wolf and London，1994），因此，在过铝质岩浆演化的中晚期，磷灰石往往达不到饱和，不能结晶以缓冲岩浆中的 P_2O_5 含量。在此阶段，碱性长石成为了 P_2O_5 的主要载体，London 等（1993）的研究提出了 P 在碱性长石/过铝质熔体间的分配系数（$D_P^{Af/m}$）与熔体 ASI 存在如下相关性：

$$D_P^{Af/m} = 2.05ASI - 1.75$$

由上式可知，当熔体的 $ASI > 1.34$ 时，P 在碱性长石中成为相溶元素。我国雅山岩体中 CaO 的含量（质量分数）在 0.06% ~ 0.6% 之间，在岩浆演化从早到晚 5 个阶段，随着 ASI 逐渐升高（1.25→1.26→1.28→1.24→1.46）（Yin et al.，1995），磷灰石在岩体中的含量逐渐减少，其含量在第五阶段仅为 0.57g/t，与第三阶段的 25.00g/t 相差 43 倍（黄小龙，1999），根据刘昌实等（1999）的研究发现，在雅山岩体第五阶段，碱性长石是磷的主要载体，在无磷锂铝石矿物晶出时，长石磷对全岩磷的贡献率约为 76%。

在过铝质岩浆演化的晚期，Al、Li、P 的活度增加，透锂长石-磷铝锂石-羟磷铝锂石-石英矿物组合的平衡反应是岩浆中 P_2O_5 含量的主要制约因素，London 等（1999）的研究表明，透锂长石-磷铝锂石-羟磷铝锂石-石英平衡反应制约熔体相中的 P_2O_5 含量（质量分数）变化于 525℃ 时的 1.4% 至 700℃ 时的 7.2% 较大范围内，在上述矿物组合的制约下，熔体相中的 P_2O_5 含量与温度之间存在显著的相关性，P_2O_5 含量随温度的降低而降低。因多数情况下，在温度低于 500 ~ 600℃ 时，岩体中才出现磷铝锂石-羟磷铝锂石的组合，在上述温度范围内，熔体中的 P_2O_5 含量（质量分数）应在 1% ~ 2% 之间（London et al.，1999）。

　　总之，在过铝质岩浆形成和演化过程中，岩浆中 P_2O_5 含量依次受到了如下因素的制约：磷灰石的溶解度、磷灰石-锰铝榴石之间的平衡反应、P 在碱性长石/熔体相间的分配、透锂长石-磷铝锂石-羟磷铝锂石-石英矿物组合的反应，在上述因素的制约之下，岩浆中 P_2O_5 含量（质量分数）的变化范围在 0.01% ~ 2% 之间，几乎涵盖了所有富磷过铝质岩体的 P_2O_5 含量。

6 稀有金属元素(W、Sn、Be、Nb、Ta)在流体相/熔体相中的分配实验研究

6.1 研究现状

稀有成矿元素在热液流体和硅酸盐熔体相间的分配行为，对研究稀有成矿元素在岩浆-热液体系中的地球化学行为以及岩浆-热液矿床的形成机制及成矿条件等具有重要意义。

W 在流体/花岗质熔体相间的分配，国内外学者做了大量的实验研究。在 750~850℃、100~200MPa 的实验条件下，大多数实验者测得 W 在纯水相/花岗质熔体相间的分配系数小于 1(在 0.016~0.033 之间)(Bai and Koster,1999；Manning and Henderson,1984；陈之龙和彭省临,1994；许永胜等,1992)，但 Keppler 和 Wyllie (1991) 在 750℃、200MPa 条件下，发现 W 在纯水相/人造花岗岩熔体相间的分配系数大于 1(其值为 2.8 和 4.1)。

Manning 和 Henderson (1984) 利用人造花岗岩研究了在 100MPa、800℃以及不同浓度的 NaCl 溶液 [m(NaCl) 在 0.5~3.4mol/L 范围] 的条件下 W 在流体/熔体相间的分配，D_W 值 (D_W 表示 W 在流体/熔体相间的分配系数) 在 1.5~6.7 之间，且 D_W 值随流体相中 NaCl 浓度的增大而增大，这一结论获得了陈之龙和彭省临 (1994) 的实验支持，他们发现在 150MPa、850℃条件下，W 在流体/黑云母花岗岩熔体相间的分配系数随流体相 NaCl 浓度增大 [m(NaCl) 从 0.5mol/L 至 4mol/L]，从 0.041 增大到 0.311，但 Bai 和 Koster (1999) 在 750℃、200MPa 条件下的实验结果却表明，当流体相中 m(NaCl) 从 1.0mol/L 增加到 3.9mol/L 时，W 在流体/人造花岗岩熔体相间的分配系数从 0.24 降低到 0.03，D_W 随流体相 NaCl 浓度的增加反而降低。

750℃、200MPa 的实验条件下，Keppler 和 Wyllie (1991) 与 Bai 和 Koster (1999) 研究了 W 在含 HCl 流体/人造花岗岩熔体相间的分配系数，发现随流体相中 HCl 浓度增加，D_W 有增加的趋势，两个实验中获得的 D_W 值分别在 0.43~0.91 和 0.01~0.26 的范围内。

陈子龙和彭省临 (1994) 在 850℃、150MPa 条件下，研究了 W 在含 NaF 流体/黑云母花岗岩熔体相间的分配行为，D_W 先随流体相中 NaF 的增加 [m(NaF) 从 0.1mol/L 增加到 0.5mol/L] 从 0.0025 降低到 0.015，随后当 m(NaF) 从 0.5mol/L 增加到 2.0mol/L 时，D_W 由 0.015 增加到 0.110。他们研究还发现 W 在

KF 流体相/黑云母花岗岩熔体相间的分配系数具有类似的变化趋势，当 $m(KF)$ 从 0.1mol/L 增加到 0.5mol/L 时，D_W 从 0.027 降到 0.011，随后当 $m(KF)$ 增加到 2.0mol/L 时，D_W 又增加到 0.019。但 Bai 和 Koster (1999) 在 750℃、200MPa 条件下，却发现流体相中 NaF 浓度的增加 [$m(NaF)$ 由 0.5mol/L 至 2.0mol/L]，W 在流体/人造花岗岩熔体相间的分配系数由 1.28 降低到 0.12。Manning 和 Henderson (1984) 的实验结果也同样支持这种观点，在 100MPa、800℃ 条件下，当流体相中 $m(NaF)$ 从 0.5mol/L 增加到 1mol/L 时，W 在流体/人造花岗岩熔体相间的分配系数由 0.84 下降到 0.53。

Keppler 和 Wyllie (1991) 的研究表明，在温度为 750℃、压力为 200MPa 的实验条件下，流体相中 $m(HF)$ 从 0.5mol/L 增加到 4.0mol/L，W 在流体/人造花岗岩相间的分配系数由 1.0 降低到 0.57。

许永胜等 (1992) 在 750℃、200MPa 条件下，研究了 W 在含 $Na_2B_4O_7$ 流体/人造花岗岩熔体相间的分配，D_W 的范围为 0.024 ～ 0.173 [$m(Na_2B_4O_7)$ = 0.1 ～ 0.5mol/L]，当流体相中 $m(Na_2B_4O_7)$ 等于 0.2mol/L 时取得极小值 (0.024)。他们的实验结果还表明，随流体相中 $m(PO_4^{3-})$ 由 0.25mol/L 增大到 0.67mol/L，D_W 值从 0.095 增大到 0.204，这一结论与 Manning 和 Henderson (1984) 在实验条件为 100MPa、800℃ 不同 PO_4^{3-} 浓度下 [$m(PO_4^{3-})$ 为 0.5 ～ 2.0mol/L] 所获得的 W 在流体/人造花岗岩熔体相间的分配行为一样，随 PO_4^{3-} 浓度增加，D_W 从 2.0 增加到 2.7。因此流体相中 PO_4^{3-} 的存在，有利于 W 进入到流体相中。

在 100MPa、800℃ 条件下，Manning 和 Henderson (1984) 的研究表明，当流体相中 $m(Na(CO_3)_{1/2})$ 由 0.5mol/L 增大到 2mol/L 时，W 在流体相/人造花岗岩熔体相间的分配系数不断降低 (由 1.9 降到 0.36)；许永胜 (1992) 却发现 D_W 值随流体相中 CO_3^{2-} 浓度 [$m(Na_2(CO_3))$ 从 0.25mol/L 到 1.25mol/L] 的增加先增加后降低，$m(CO_3^{2-})$ 等于 0.75mol/L 时为最大值 (0.255)，他们研究还发现，当流体相有 $Na_2(CO_3)$ 存在时，随温度下降，D_W 急剧增加。

以上的实验结果表明，钨在流体/熔体相间的分配系数大多小于 1，钨趋向于在熔体中富集。Manning 和 Henderson (1984) 实验中钨有在流体相中富集的趋势，可能是他们选用的初始物中钨含量 (质量分数) 过高 (1%) 引起的。

Sn 在流体/熔体相间的分配系数往往较小。Keppler 和 Wyllie (1991) 报道了在 750℃、200MPa 条件下，简单花岗岩-H_2O、简单花岗岩-H_2O-HF 和简单花岗岩-H_2O-HCl 体系中 Sn 在流体/熔体相间分配系数分别为 0.009、0.002 ～ 0.02、0.004 ～ 0.078 之间，陈之龙和彭省临 (1994) 利用天然花岗岩，在 850℃、150MPa 条件下得到 Sn 在含 F 流体/熔体相间的分配系数为 0.0003 ～ 0.0046，在含 Cl 流体/熔体相间的分配系数为 0.016～0.032。850℃、400MPa 条件下，王玉荣等（2007）在含 F、Cl 混合流体/天然花岗岩体系中，获得的 Sn 在流体/熔体相间的分配系数稍大，在 0.068～0.47 的范围内。不过所有的实验结果都表明，Sn 相对于 W 而言，更趋向于在熔体相富集。

London 等（1988）研究了 650℃、200MPa 条件下，Nb 在纯水/Macusani 玻璃相间的分配，获得 D_{Nb} 为 0.1，Webster 等（1989）在 50～200MPa、770～950℃ 条件下，研究了 Nb 在流体/黄玉流纹岩熔体相间的分配，Nb 在含 CO_2 + Cl^- 的流体中有较大的分配系数，其数值在 3.3～4.0 之间。

上述实验着重考虑了流体组成对元素在流体/熔体相间的分配行为的影响，但熔体成分也同样对元素的分配行为有重大影响（干国梁，1989；1993），一方面，表现为不同成分的熔体具有不同的熔体结构，从而具有不同的容纳元素的能力；另一方面，表现在不同的熔体成分中，挥发分类型和含量的不同，因不同挥发分在流体/熔体相的差异，从而对元素在流体/熔体相间的分配产生重大的影响。

本章研究了不同温度（850℃和800℃）、压力（150MPa、100MPa 和50MPa）和 P_2O_5 含量（质量分数）（0.32%、1.98%、4.91%和7.78%）条件下过铝质熔体-纯水体系中 W、Sn、Be、Nb 和 Ta 在两相间的分配行为，旨在探讨富磷过铝质岩浆体系与 W、Sn、Be、Nb、Ta 成矿作用的关系。

6.2 实验结果

6.2.1 实验结果误差来源

实验结果的误差来源是多方面的，首先，初始物中元素分布的均匀程度是影响实验结果的因素之一，因此在制备实验初始物时，我们反复进行了玛瑙研钵中研磨→硅钼棒电炉中熔融→水槽中快速淬火的全过程。利用电子探针对初始物中的主量元素 Si、Al、Na、K、P 和微量元素 Sn、Ta 等进行了面扫描，结果显示，初始物中各元素的分布较均匀。

其次，实验中被测元素的回收率也是产生实验误差的重要原因。在假定实验前后熔体和流体相质量不变的条件下，估算了元素的回收率，表 6-1 列出了被测元素的回收率。从表中可以看出，几乎所有实验中的元素回收率都在90%以上。

第三，分析误差也是实验结果误差的来源之一，流体相和熔体相中的元素含量分别是用 ICP-MS 和 LA-ICP-MS 测定的，其相对误差小于10%（Gao et al.，2002），因分配系数是元素在流体相中含量与熔体相中含量的比值，因此由分析带来的极值相对误差小于20%（武汉大学，2000）。

表6-1　不同温度、压力条件下 W、Sn、Be、Nb 和 Ta 的回收率及
在流体/熔体相间的分配系数（D_i）

实验条件	实验编号	回收率/%					$D_i^{f/m}$				
		W	Sn	Be	Nb	Ta	W	Sn	Be	Nb	Ta
800℃ 150MPa	P8T-28-8	93.89	94.36	93.81	86.94	85.03	0.06865	0.00101	0.00024	0.00128	0.00019
	P5T-28-7	96.76	89.47	93.01	93.47	100.56	0.04537	0.00068	0.00012	0.00050	0.00025
	P2T-28-4	99.80	98.95	117.74	98.15	100.62	0.03122	0.00108	0.00012	0.00107	0.00014
	P0T-28-3	96.61	95.57	90.87	94.21	91.50	0.02704	0.00070	0.00007	0.00072	0.00011
850℃ 100MPa	P8T-26-8	92.59	97.94	95.62	92.19	90.00	0.02962	0.00035	0.00029	0.00056	0.00009
	P5T-26-4	95.01	88.92	101.33	95.71	96.36	0.01825	0.00068	0.00015	0.00034	0.00005
	P2T-23-8	99.58	91.61	89.57	97.07	95.90	0.02462	0.00073	0.00007	0.00040	0.00005
	P0T-26-7	94.84	87.38	86.09	94.22	91.51	0.01596	0.00029	0.00003	0.00024	0.00006
800℃ 100MPa	P8T-26-3	92.24	94.87	97.72	93.93	90.73	0.01982	0.00046	0.00016	0.00010	0.00004
	P5T-24-7	95.60	97.17	91.52	93.86	91.87	0.02858	0.00054	0.00018	0.00027	0.00011
	P2T-24-8	96.91	65.05	77.39	99.11	96.46	0.02379	0.00136	0.00008	0.00040	0.00010
	P0T-27-7	92.89	96.37	85.84	91.92	86.26	0.00930	0.00021	0.00002	0.00010	0.00006
850℃ 50MPa	P8T-30-8[①]	30.32	31.64	33.04	31.31	30.25	0.00429	0.00085	0.01082	0.00015	0.00013
	P5T-29-1	100.71	101.77	106.33	99.51	97.19	0.00415	0.00015	0.00016	0.00007	0.00003
	P2T-30-7	99.74	102.49	104.44	103.07	100.50	0.00474	0.00064	0.00003	0.00008	0.00005
	P0T-30-1	93.01	100.04	107.75	93.67	90.60	0.00438	0.00114	0.00008	0.00014	0.00017

注：P8T-28-8 为含8%（质量分数）P_2O_5 体系，第28次实验，第8号高压釜；P8、P5、P2 和 P0 分别代表实际的 P_2O_5 含量（质量分数）为7.78%、4.91%、1.98%和0.32%。

① 实验编号为 P8T-30-8 的实验中，被测元素回收率偏低的原因可能是，利用 LA-ICP-MS 测试固体产物时，因薄片厚度较薄，激光束击穿样品，样品组分被载玻片组分混染，导致样品中被测微量元素含量偏低所致，其数值仅供参考。

不同温度、压力条件下 W、Sn、Be、Nb 和 Ta 在流体相、熔体相中以及初始物中的分析结果见表6-2。

表6-2 不同温度、压力条件下 W、Sn、Be、Nb 和 Ta 在流体相、熔体相以及初始物中的分析结果 （ppm）

实验条件	实验编号	流体相					熔体相					初始物				
		W	Sn	Be	Nb	Ta	W	Sn	Be	Nb	Ta	W	Sn	Be	Nb	Ta
800℃ 150MPa	P8T-28-8	32.63	0.81	0.51	0.47	0.04	475.29	805.76	2099.37	367.58	209.78	540.97	854.79	2238.44	423.33	246.77
	P5T-28-7	21.20	0.54	0.24	0.13	0.05	467.31	795.00	1924.15	259.62	203.31	504.88	889.15	2068.95	277.89	202.23
	P2T-28-4	14.65	0.91	0.34	0.24	0.03	469.25	841.27	2773.94	224.66	217.16	484.88	851.13	2356.35	229.14	215.86
	P0T-28-3	10.91	0.56	0.19	0.15	0.02	403.51	798.88	2686.86	208.51	181.08	428.96	836.49	2956.89	221.49	197.93
850℃ 100MPa	P8T-26-8	14.41	0.29	0.63	0.22	0.02	486.50	836.85	2139.87	390.06	222.07	540.97	854.79	2238.44	423.33	246.77
	P5T-26-4	8.60	0.54	0.31	0.09	0.01	471.11	790.08	2096.12	265.88	194.85	504.88	889.15	2068.95	277.89	202.23
	P2T-23-8	11.60	0.57	0.15	0.09	0.01	471.24	779.17	2110.52	222.33	207.00	484.88	851.13	2356.35	229.14	215.86
	P0T-26-7	6.39	0.21	0.08	0.05	0.01	400.42	730.69	2545.41	208.64	181.11	428.96	836.49	2956.89	221.49	197.93
800℃ 100MPa	P8T-26-3	9.70	0.37	0.34	0.04	0.01	489.31	810.56	2187.04	397.60	223.88	540.97	854.79	2238.44	423.33	246.77
	P5T-24-7	13.41	0.47	0.35	0.07	0.02	469.25	863.55	1893.11	260.76	185.76	504.88	889.15	2068.95	277.89	202.23
	P2T-24-8	10.92	0.75	0.15	0.09	0.02	458.99	552.87	1823.48	227.01	208.19	484.88	851.13	2356.35	229.14	215.86
	P0T-27-7	3.67	0.17	0.06	0.02	0.01	394.78	805.92	2538.16	203.57	170.72	428.96	836.49	2956.89	221.49	197.93
850℃ 50MPa	P8T-30-8	0.70	0.23	7.92	0.02	0.01	163.34	270.26	731.65	132.54	74.63	540.97	854.79	2238.44	423.33	246.77
	P5T-29-1	2.1	0.14	0.36	0.02	0.005	506.35	904.71	2199.53	276.50	196.54	504.88	889.15	2068.95	277.89	202.23
	P2T-30-7	2.28	0.56	0.07	0.02	0.01	481.35	871.77	2460.97	236.15	216.94	484.88	851.13	2356.35	229.14	215.86
	P0T-30-1	1.74	0.95	0.24	0.03	0.03	397.22	835.87	3185.93	207.43	179.30	428.96	836.49	2956.89	221.49	197.93

注：1ppm=10^{-6}。

6.2.2　W、Sn、Be、Nb 和 Ta 在流体/熔体相间的分配系数

在 800℃、150MPa 条件下实验结果表明，W 在流体/熔体相间的分配系数 D_W 在 0.003 ~ 0.07 之间（表 6-1），随着体系 P_2O_5 含量（质量分数）从 0.32% 增加到 7.78%，D_W 由 0.003 增大到 0.07；而在压力 100MPa 和 50MPa 时，D_W 值几乎不受体系 P_2O_5 含量变化的影响（图 6-1a ~ d）；在相同 P_2O_5 含量和压力条件下，温度的变化对 D_W 值影响不大（图 6-2a ~ d）；此外 D_W 值具显著的压力相关性，随体系压力降低而减小（图 6-2a ~ d）。

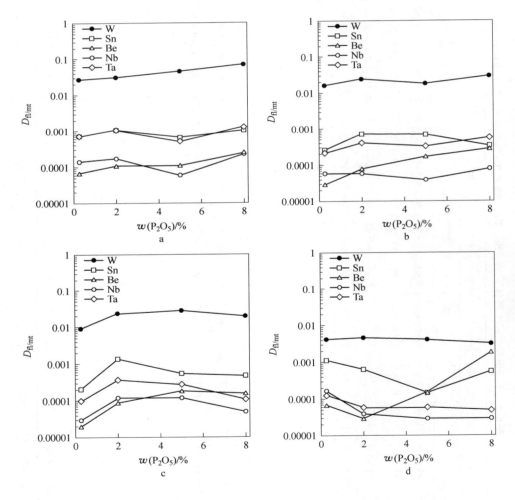

图 6-1　W、Sn、Be、Nb、Ta 在流体/熔体间分配系数与 P_2O_5 的相关性
a—150MPa、800℃；b—100MPa、850℃；c—100MPa、800℃；d—50MPa、850℃

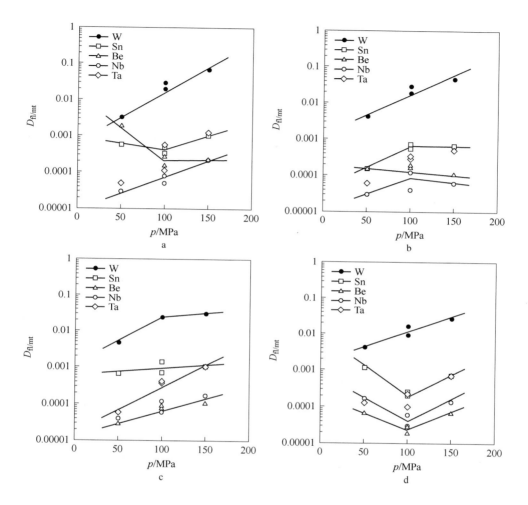

图 6-2 压力对 W、Sn、Be、Nb、Ta 在流体/熔体间分配系数的影响
a—$w(P_2O_5)$=8%；b—$w(P_2O_5)$=5%；c—$w(P_2O_5)$=2%；d—$w(P_2O_5)$=0.27%

Sn 在流体相/熔体相间的分配系数比 W 低一个数量级，D_{Sn} 值分布于 0.00015 ~ 0.0014 之间（表 6-1），与 Keppler 和 Wyllie（1991）与陈子龙和彭省临（1994）的结果较为接近。压力和过铝质熔体组分对 Sn 的分配行为的影响比对 W 的分配行为的影响复杂很多，在 50MPa、850℃ 的实验体系中，随 P_2O_5 含量（质量分数）增大至 4.91%，D_{Sn} 先降低，随 P_2O_5 含量（质量分数）从 4.91% 增至 7.78%，D_{Sn} 增大；在实验条件为 100MPa、850℃ 和 800℃ 时，随着 P_2O_5 含量（质量分数）增大至 1.98%，D_{Sn} 先增加，随后一直降低。而在 150MPa、800℃ 的实验中，D_{Sn} 在 P_2O_5 含量（质量分数）为 4.91% 时取得最小值。

Be 在流体相/熔体相间的分配系数分布于 0.00002 ~ 0.002 之间（表 6-1），远小于 London 等（1988）和 Webster 等（1989）所获得的值（分别为 0.2 和 3.3 ~ 4.0）。在 100MPa 和 150MPa 条件下，D_{Be} 显示出随体系中 P_2O_5 含量增大而逐渐增大的变化趋势，而在 50MPa 下，D_{Be} 由含 0.32%（质量分数）P_2O_5 时的 0.00007 降至 1.98%（质量分数）P_2O_5 时的 0.00003，然后线性增至 7.78%（质量分数）P_2O_5 时的 0.002（图 6-1d）。

Nb 在流体相/熔体相间的分配系数分布于 0.00005 ~ 0.001 之间，D_{Ta} 分布于 0.00003 ~ 0.0002 之间。D_{Nb} 和 D_{Ta} 随体系中 P_2O_5 含量增大的变化趋势具相似性（图 6-1a ~ d）；在 50MPa、850℃ 条件下，D_{Nb} 和 D_{Ta} 随 P_2O_5 含量增大而降低（图 6-1d）。在高磷体系中 Nb、Ta 在流体/熔体相间的分配具有显著的压力相关性，随压力降低，D_{Nb} 和 D_{Ta} 则降低（图 6-2a ~ d）。

6.3 讨论

6.3.1 成矿元素在过铝质熔体中的存在形式

Farges 等（2006）和 Horng 等（1999）的研究表明，在相当本次实验氧逸度（NNO，见第 2 章）条件下的过铝质熔体中，Sn 主要以 Sn^{2+} 的形式存在，为典型的变网离子，少量四价 Sn 形成四面体，通过非桥氧与硅氧四面体或铝氧四面体结合。Sn 在过铝质熔体中存在两种不同的价态和结构，导致 Sn 在流体/熔体相之间的分配行为比较复杂；正五价的 Nb^{5+}、Ta^{5+}、P^{5+} 有类似的溶解机制，与 Al 具极强的亲缘性，形成 $M^{5+}OAl^{3+}$（M 为金属离子）的结构单元；W 为正六价，与熔体中的 O^{2-} 形成 WO_4^{2-}，并同变网离子 M（Na^+、K^+、Ca^{2+} 等）结合，以独立于硅酸盐结构之外的 $M_2^{n+}(WO_4)_n^{2-}$ 单元存在。

前人研究表明，随元素氧化物形成自由能的降低，元素在流体/熔体相间的分配系数逐渐降低，这说明，容易与氧形成化合物的元素，趋向于与氧结合保留在熔体中，反之则趋向于进入与熔体共存的流体相中（干国梁，1989）。因此根据表 6-3 所示成矿元素氧化物的标准吉布斯自由能数据，我们可以推测进入到流体相中的能力按照 Sn > W > Nb = Ta 的顺序减弱，但考虑到 W 在硅酸盐熔体中能形成独立于硅酸盐熔体之外的结构单元，因此 W 应该比 Sn 更容易进入到流体相。Keppler 和 Wyllie（1991）与陈之龙和彭省临（1994）的实验结果也证实了这一点，他们的实验结果表明，W 在流体/熔体相间的分配系数远远大于 Sn。综合考虑 W、Sn、Nb、Ta 在熔体中的存在形式和元素的亲氧性，可以推测上述元素在流体/熔体相间的分配系数应该按照 W > Sn > Nb = Ta 顺序降低，这与本次实验结果是一致的。

表 6-3 成矿元素氧化物标准吉布斯自由能数据 $G_{298}^{\ominus}$ （kJ/mol）

氧化物	$-G_{298}^{\ominus}$	氧化物	$-G_{298}^{\ominus}$	氧化物	$-G_{298}^{\ominus}$
SnO	303.96	WO_2	604.99	Nb_2O_5	1944.35
SnO_2	596.62	WO_3	866.25	Ta_2O_5	2089.63

6.3.2 成矿元素在流体中的迁移形式

锡在热液中溶解后，与 OH^-、Cl^-、F^- 等配合物结合形成羟基配合物（$Na_2[Sn(OH)_6]$）、氯配合物（$SnCl_4$、$SnCl_2$）或氟配合物（Na_2SnF_6、$Na_2[Sn(OH,F)_6]$），但从锡石在不同性质热液相中溶解度实验结果来看，纯水溶液能够溶解保持在溶液中的锡是十分微量的，而锡石在氟化钾溶液和氯化氢溶液中的溶解度相当大，因此锡在热液中主要的迁移形式为锡的羟基氟、氯配合物（$Na_2[Sn(OH,F)_6]$、$Sn(OH)Cl$）（陈骏，2000；Quach，2007）。王玉荣等（1986）研究了铌、钽在溶液相中的迁移形式，实验结果表明，铌、钽在流体中可能的迁移形式为 M_2NbF_7、M_2TaF_7（M 为碱金属离子）。来自实验地球化学、野外地质的研究以及有关钨化合物的无机化学资料表明，由于钨形成配合物的复杂性，造成了钨在流体中迁移形式的多样性，W 可能的迁移形式包括简单卤化物、配合物、杂多酸以及硫代钨酸盐，华南已有的钨矿原生地球化学异常研究和矿体的矿物组合表明，W 和 F 之间普遍的密切伴生关系是钨矿化过程中的一个突出特征，因此 W 的氟配合物可能是流体中比较重要的迁移形式（刘英俊，1987）。

成矿元素在流体相中的迁移形式虽然是多种多样的，但主要以氟的配合物为主。本次实验体系为无 F 体系，这可能是本次实验 W、Sn、Nb、Ta 在流体/熔体相间分配系数较小的原因之一。在本次实验中，W 在流体/熔体相间的分配系数大于其他元素的分配系数，可能与 W 在流体相中迁移形式的多样性有关，除了氟的配合物以外，钨还能以杂多酸（$H_4[Si(W_3O_{10})_4]$、$H_3[P(W_3O_{10})_4]$）、钨酸（$[WO_4]^{2-}$）的形式在流体中迁移（刘英俊等，1987；Manning and Henderson，1984）。

6.3.3 磷对成矿元素在流体/熔体相间分配的影响

Keppler（1994）的研究表明，P 在流体/熔体相中的分配是压力的函数，随着压力升高，D_P 有增大的趋势。我们推测与 P 在熔体中存在形式相同的 Nb 和 Ta，应该也具有相同的趋势，而我们的实验结果证实了这一点，随着压力升高，Nb 和 Ta 在流体/熔体相间的分配系数增加。

值得进一步说明的是，随着压力升高 D_P 增大，暗示着高压条件下将有更多的 P 进入到流体相中。前人实验结果表明,当流体相中的 P 浓度增加时,W 在流体/熔体相间的分配系数也增加(许永胜,1992;Manning and Henderson,1984),这与本章实验结果是一致的,随压力增加,D_W 表现出增大的趋势。

成矿元素在流体/富磷过铝质熔体相间较为复杂的分配行为不但与金属离子自身在熔体中的存在形式以及在流体中的迁移形式有关,还涉及 P 对熔体结构方面的影响。实验结果表明,在 150MPa 和 100MPa 条件下,Sn、Nb 和 Ta 的 D_i 值随体系 P_2O_5 含量(质量分数)由 0.32% 增至 1.98% 而明显增大,随后降低至体系含有 4.91% P_2O_5 处。之后,随体系 P_2O_5 含量继续增大,出现三种趋势:(1)在 150MPa、800℃时,Sn、Nb 和 Ta 的 D_i 值增大;(2)在 100MPa、800℃时,Sn、Nb 和 Ta 的 D_i 值都呈减小的趋势;(3)在 100MPa、850℃ 体系中仅仅 Nb 和 Ta 的 D_i 值增大,而 D_{Sn} 值降低。对于 50MPa、850℃ 条件下实验体系,Nb 和 Ta 的 D_i 值随体系 P_2O_5 含量(质量分数)由 0.32% 增至 1.98% 而显著降低,而后随体系中 P_2O_5 含量(质量分数)增大,Nb、Ta 的 D_i 值则几乎不变。与此相对照,D_{Sn} 的拐点较滞后,出现在含有 4.91%(质量分数)P_2O_5 的体系中。

我们不难看到,存在有两个拐点,分别在体系中含有 1.98% 和 4.91%(质量分数)P_2O_5 处,可能 P 在过铝质体系中溶解,影响了体系的熔体结构,从而左右了不相容元素在流体/熔体相间的分配。

在过铝质熔体中,少量 P_2O_5 的加入,根据 Schaller 等(1999)与 Toplis 和 Schaller(1998)的研究,将形成 $(NaAl)_3PO_4$,并促使硅酸盐熔体的聚合,其平衡反应为:

$$6(NaAl)\text{-}O\text{-}Si + P_2O_5 =\!=\!= 2(NaAl)_3PO_4 + 3Si\text{-}O\text{-}Si$$

显然,少量 P 在熔体中的溶解,由于形成 Si-O-Si 结构,像 Na 这样的变网离子从 $(NaAl)$-O-Si 结构中解脱出来,使之表现出具有较大的流体/熔体间分配系数 (D_i)。对于高 P 体系,尽管 Cody 等(2001)和 Mysen 等(2001)的研究提出 P 进入到铝硅酸盐结构中形成 Q_P^n(与 Q_{Si}^n 类似,Q_P^n 表示一个四面体 P 与其他四次配位的 Al 和 Si 离子的桥氧数目)的结构单元,以 Q_P^3 和 Q_P^4 形式存在而不影响铝磷酸盐结构,但并不清楚它是如何影响变网离子的。此外,在高 P 体系中,不能不考虑 P 的加入对 H_2O 在过铝质熔体中溶解度的影响,因 H_2O 的溶解可促使硅酸盐熔体的解聚,从而影响不相容金属元素在流体/熔体间的分配系数。

6.4 地质应用

本次实验研究结果显示,W 在流体/富磷过铝质熔体相间的分配系数 D_W 在 0.003~0.07 之间,D_{Sn} 分布于 0.00015~0.0014 之间,D_{Be} 在 0.00002~0.002 之间，D_{Nb}在 0.00005 ~ 0.001 之间，D_{Ta}分布于 0.00003 ~ 0.0002 之间。如此低的 D_i 值预示着 W、Sn、Be、Nb、Ta 强烈富集在富磷过铝质熔体相中。

显然本次实验结果表明，在富磷岩浆体系中，演化晚期不太可能分异出富含 W 的流体相，即不可能形成黑钨矿-石英脉型热液矿床。

已有的研究表明，在不同的流体介质（纯水、含氟和含氯）条件下，Sn 在流体/熔体相间的分配系数都不大。由此可见，只有流体反复循环萃取熔体中的 Sn，否则很难形成斑岩型锡矿和锡石-黑钨矿-石英脉型热液矿床。本次实验结果表明，对于富磷岩浆体系来说，Sn 主要富集在熔体相中，随着岩浆的分离结晶作用，熔体相中 Sn 逐渐饱和而结晶出锡石。

这一结论也得到了地质事实的支持。如图 6-3 所示，Ehrenfriedersdorf 伟晶岩中熔融包裹体中锡含量在 100×10^{-6} ~ 2100×10^{-6} 之间，如此高的锡含量与实验获得的锡石饱和的花岗质熔体中锡的溶解度是一致的，表明锡石可以直接从高度演化的富磷过铝质岩浆中结晶出来（陈骏，2006）。

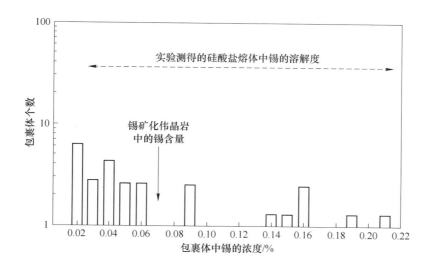

图 6-3　Ehrenfriedersdorf 伟晶岩中熔融包裹体的锡含量分布范围

（据 Webster et al. ，1997）

由于挥发分 F、B、P 与 Al、Be 之间存在配合作用而降低过铝质岩浆液相中 Al_2O_3 的活度，使得绿柱石在这种富挥发分过铝质熔体中的溶解度显著增大；在 200MPa、850℃ 条件下的实验结果表明，实验淬火玻璃中 BeO 含量高达 4016×10^{-6}（Evensen et al. ，1999）。本次实验结果表明，低的流体/熔体相间的分配系数，使得 Be 强烈富集在熔体相中。当体系中 Be 达到过饱和时，将以绿柱石矿物形式大量从岩浆中结晶，由此，不难理解富 P 的 3 号伟晶岩岩浆为什么在糖粒状钠长石带出现大型的 Be 矿体。在富磷过铝质岩浆体系的演化晚期,因为 P 的活度高于 Si 的活度,Be 将与 P 结合形成铍的磷酸盐矿物,如羟磷铍钙石,而不是以铍的硅酸盐矿物(如绿柱石)形式晶出(车旭东等,2007)。

与 Sn、Be 相似,我们的实验结果表明,Nb、Ta 强烈富集在熔体相中。新疆阿尔泰 3 号伟晶岩和福建南平伟晶岩的矿物学研究揭示,在岩浆演化的不同阶段,可直接从岩浆中结晶出不同的铌钽矿物(王文瑛等,1999;张爱铖等,2004)。

总之,W、Sn、Be、Nb 和 Ta 在富磷过铝质岩浆的演化晚期,不太可能分异出富含上述成矿元素的流体。随着岩浆分异演化的进行,残余熔体相中因各组分浓度增大最终导致绿柱石、锆石、锡石、铌钽矿物等矿物饱和结晶,形成有经济意义的花岗岩型或伟晶岩型稀有金属矿。

7 稀土元素及钇在流体相/熔体相间的分配实验

7.1 研究现状

地质样品中稀土元素含量及分布特征是地球化学示踪研究的重要内容之一，岩石或矿物的稀土元素球粒陨石标准化对数值与其原子序数之间呈线性关系，这是著名的 Masuda-Coryell 规则，REE 配分模式特征及其参数，如 $(La/Yb)_N$、$(La/Sm)_N$、$(Gd/Yb)_N$、Eu/Eu^* 和 Ce/Ce^* 等，提供了成岩成矿的重要信息。20 世纪 80 年代以来，随着稀土元素分析测试技术的发展及应用，如 ICP-AES、ICP-MS、LA-ICP-MS、SIMS、ID-MS（同位素稀释法）以及 NAA（中子活化分析），目前已积累了大批不同地质体精确的 REE 地球化学数据，其中某些地质样品，其稀土元素球粒陨石标准化对数值与其原子序数之间并不遵守对数线性关系，而是构成了稀土元素四重分布曲线，即稀土元素"四分组效应"。稀土元素"四分组效应"最初是由 Peppard 等（1969）在纯化学体系液-液（有机液-HCl、LiBr、HBr 水相）萃取时发现的，以 Nd-Pm、Gd、Ho-Er 为分界点（其中 Gd 为公共点），每四个元素为一组，即 La-Ce-Pr-Nd、Pm-Sm-Eu-Gd、Gd-Tb-Dy-Ho 和 Er-Tm-Yb-Lu，它们的液-液分配系数与原子序数之间的关系构成四条曲线。

虽然 McLennan（1994）与 Byrne 和 Li（1995）对自然界存在稀土"四分组效应"存在异议，但越来越多的研究表明，高度演化的过铝质岩浆和某些热液成因的岩石，其全岩和单矿物都存在稀土"四分组效应"，并不是样品化学处理和分析误差以及采用不同物质标准化所引起的假象。最近十多年来，大量报道了在富挥发分的过铝质岩浆岩、矿物以及某些热液成因的岩石其全岩和单矿物中存在稀土"四分组效应"现象（图 7-1）（Akagi et al.，1996；Akagi et al.，1993；Bau，1996；Bau，1997；Irber，1999；Kawabe，1995；Kawabe et al.，1991；Liu et al.，1993；Liu and Zhang，2005；Masuda and Akagi，1989；Masuda and Ikeuchi，1979；Masuda et al.，1987；Pan and Breaks，1997；Yurimoto et al.，1990；张辉等，2001；赵振华等，1999；赵振华等，1992）。稀土"四分组效应"的发现和确定是对 Masuda-Coryell 规则的修正和补充，在成岩成矿示踪研究中具有重要的理论和实际意义，因此揭示稀土"四分组效应"产生的机制是至关重要的。

有关 REE "四分组效应"机制，最先认为是含稀土副矿物，如独居石、磷灰石、石榴子石和磷钇矿等的早期结晶导致残余熔体出现这种异常的稀土配分模式（Foster，1998；Jolliff et al.，1989；McLennan，1994；Pan and Breaks，1997；Zhao and Cooper，

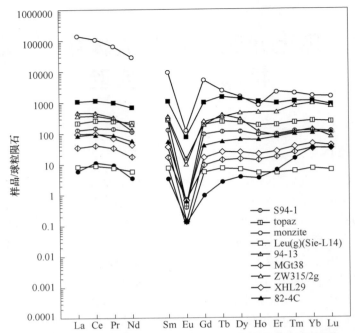

图 7-1　过铝质岩浆体系中矿物和全岩存在的稀土"四分组效应"

（数据来自：Taylor and Wall, 1992；Bau, 1996；Pan and Breaks, 1997；Irber, 1999；
Monecke et al., 2002；张绍立等, 1985；赵振华等, 1999；李富春, 2000）

1993）。而 Bau（1997）和 Irber（1999）等则认为上述矿物结晶虽能获得 REE 分布模式在 Nd、Gd 和 Er-Ho 处不连续的现象，但缺乏稀土"四分组效应"曲线的最基本特征，并且也无法解释矿物和岩石中均存在稀土"四分组效应"这一情形。Irber（1999）对德国的 Erzgebirge 过铝质花岗岩的地球化学研究揭示，高度分异的岩石样品中存在明显的稀土"四分组效应"，稀土"四分组效应"程度随着花岗岩的演化进行而增大，并与体系不相容元素分异，即与 K/Rb、Y/Ho、Zr/Hf、Eu/Eu*、Sr/Eu 比值变化具有显著的相关性，不仅如此，稀土"四分组效应"程度还随着体系 F 含量增大而增大，由此提出在过铝质岩浆中稀土"四分组效应"和不相容元素分异是岩浆热液蚀变的结果。赵振华等（1999）利用诸广山黑云母花岗岩，在 150MPa、850℃ 条件下进行了花岗岩熔体与含 NaCl 或 NaF 溶液相互作用的实验，他们认为熔体-流体的相互作用导致了熔体相形成"M 型"稀土"四分组效应"。最近，Veksler 等（2005）根据实验研究，提出硅酸盐熔体-氟化物熔体的液态不混溶引起稀土"四分组效应"的观点。但这一结论不具普适性，如我国新疆 3 号脉的各结构带的磷灰石中都存在显著的"四分组效应"，但并没有出现硅酸盐-氟化物液态分离的现象（张辉，2001）。

　　已有的研究表明，F 对稀土元素（包括钇）在流体/熔体间的分配几乎没什么影响（Flynn and Burnham, 1987；London et al., 1988；Bai and Van Groos, 1999；Adam et al., 1997）。对于含 Cl 体系，Flynn 和 Burnham（1987）在 400MPa、800℃

以及不同浓度 NaCl 溶液 [m(NaCl) 在 0.45~0.91mol/L 范围内] 条件下, 研究了稀土元素 Ce、Eu、Gd、Yb 在流体/Spruce Pin 伟晶岩熔体相间的分配行为, 实验结果表明, 三价稀土元素在流体/熔体相间的分配系数是氯化物摩尔浓度 3 次方的线性函数, 而 Eu 与氯化物摩尔浓度的 5 次方具线性相关性, 并显示出 REE 之间存在相对分异, 其分配系数按 Ce > Gd > Yb 的顺序降低。这一结论得到了 Webster 等 (1989) 实验的支持, 在 200MPa、800℃条件下, 他发现 Ce 在流体/黄玉流纹岩熔体相间的分配系数随流体相中 m(Cl$^-$) 增大 (从约 0.2mol/L 增至大于 6mol/L) 而增大, 他推测流体相中的 Ce 是以 CeCl$_3^0$ 形式存在的, 此外, 他的实验结果还表明高的温度和低的压力有利于 Ce 分配进入到流体相中。Bai 和 Van Groos (1999) 研究了 100~400MPa、750~800℃条件下 La、Ce 在流体相/人造花岗岩熔体相间的分配行为, 其结果表明, La、Ce 强烈地分配进入到熔体相中 (D_{La}、$D_{Ce} < 0.05$), 且 D_{La}、D_{Ce} 值与流体中 (Na, K)Cl 浓度无关, 而与流体中 HCl 浓度存在明显的线性相关性 [$\lg(D_{La}) = -1.79 + 1.17m$(HCl)、$\lg(D_{Ce}) = -1.54 + 0.71m$(HCl)], 随 HCl 浓度的增加, La、Ce 在流体/熔体相间的分配系数增大。Ayers 和 Eggler (1995) 根据在 1.5~2.0GPa、1250℃条件下测定的 La、Sm、Y、Tm 在合成英安熔体与 1.5m(NaCl-H$_2$O) 和 3.0m(NaCl-H$_2$O) 流体相间的分配系数 (D_{REE+Y} 在流体/熔体相间的变化范围为 0.43~0.65) 提出, 虽然含 Cl 体系的分配系数大于相对应的无 Cl 体系, 但其分配系数存在随 m(Cl) 降低 (从 3.0mol/L 到 1.5mol/L) 和压力增大 (从 1.5GPa 到 2.0GPa) 而增大的趋势, 他们认为 D_{REE+Y} 与流体相中的 Cl 无关, 而与熔体在流体相中的溶解度具较好的相关性。

由上可知, 在不同温度、压力、熔体组成以及流体组成条件下对稀土元素 (包括钇) 在流体/熔体相间的分配实验的研究结果存在较为明显的差异, 同时还缺乏对所有 15 个稀土元素在流体/熔体相间分配的系统研究。针对阿尔泰 3 号伟晶岩高 P 低 F 的过铝质岩浆 (w(P$_2$O$_5$) = 5.4%~6.8%、w(F) = 0.3%~0.4%; 张辉, 2001) 存在显著稀土 "四分组效应" 和不相容元素分异的地质事实, 本章设计了在不同温度 (850℃和 800℃)、压力 (150MPa、100MPa 和 50MPa) 和 P$_2$O$_5$ 含量 (质量分数) (0.32%、1.98%、4.91% 和 7.78%) 条件下 12 个稀土元素 (La、Nd、Sm、Eu、Gd、Tb、Dy、Ho、Er、Tm、Yb、Lu; 由于无 Ce 的 +3 价氧化物, 因本研究未考虑 Ce) 以及钇在过铝质熔体-纯水流体相间的分配实验, 旨在探讨流体-熔体作用过程与低 F 高 P 过铝质岩浆体系存在稀土 "四分组效应" 的相关性。

7.2 实验结果

实验产物熔体相、流体相中 REE 含量分析结果列于表 7-1 和表 7-2, 有关实验结果误差以及误差来源的已在第 6 章进行了详细的讨论, 需要强调的是, 稀土元素以及钇同样具有较高的回收率, 其值在 82%~105% 的范围内 (表 7-3)。REE 及 Y 在流体/熔体相间的分配系数列于表 7-4。

表7-1　稀土元素及钇在熔体相中的含量（LA-ICPMS分析结果）

（ppm）

实验条件	实验编号	熔　　体　　相												
		La	Nd	Sm	Eu	Gd	Tb	Dy	Ho	Er	Tm	Yb	Lu	Y
800℃ 150MPa	P8T-28-8	387.41	336.44	346.52	421.02	353.09	404.10	388.67	436.14	396.32	366.05	397.55	346.67	408.54
	P5T-28-7	425.33	366.00	416.71	433.62	371.55	439.94	421.73	471.57	418.54	385.75	454.67	428.65	445.39
	P2T-28-4	400.81	361.23	374.32	447.77	371.29	436.53	366.04	430.08	398.99	370.28	417.83	392.87	435.15
	P0T-28-3	331.64	307.31	341.33	361.58	325.25	391.00	268.33	402.51	372.32	335.36	390.71	339.20	388.11
800℃ 100MPa	P8T-26-8	387.93	343.97	349.54	424.07	359.41	412.75	393.22	441.34	400.49	371.86	401.54	349.13	411.97
	P5T-26-4	420.31	360.32	407.25	426.37	358.60	419.84	399.25	439.59	396.67	369.85	427.48	401.43	426.01
	P2T-23-8	373.87	339.04	347.79	415.13	339.98	399.97	333.89	392.33	361.68	334.30	379.29	353.57	399.50
	P0T-26-7	353.64	324.59	345.47	351.52	336.59	406.92	282.98	411.51	382.32	346.53	404.04	351.09	404.12
850℃ 100MPa	P8T-26-3	404.95	357.42	366.63	447.90	373.66	426.10	416.14	459.72	417.34	386.25	419.37	364.61	430.60
	P5T-24-7	401.71	349.16	391.46	409.26	345.64	419.74	380.37	421.24	376.58	348.51	411.62	388.03	412.03
	P2T-24-8	389.04	349.18	359.76	427.45	348.07	408.98	343.13	403.48	373.52	347.96	395.53	368.78	413.31
	P0T-27-7	330.98	306.34	324.71	339.20	310.66	376.37	257.98	374.40	344.48	312.47	362.72	314.72	368.01
850℃ 50MPa	P8T-30-8	135.40	119.48	122.49	149.59	124.76	142.22	138.88	153.40	139.25	128.86	139.89	121.62	143.68
	P5T-29-1	441.53	378.96	427.42	446.33	374.40	442.72	439.35	463.50	414.63	393.25	455.03	422.32	453.95
	P2T-30-7	417.13	379.52	391.43	468.61	379.60	447.95	375.03	441.85	406.93	378.83	431.70	399.71	452.79
	P0T-30-1	380.20	352.92	372.37	386.35	352.34	425.57	292.16	422.64	388.76	352.83	412.17	355.81	420.88

注：1. P8T-28-8为含8%（质量分数）P_2O_5体系，第28次实验，第8号高压釜；P8、P5、P2和P0分别代表的实际P_2O_5含量（质量分数）为7.78%、4.91%、1.98%和0.32%。

2. 1ppm=10^{-6}。

表 7-2 稀土元素及钇在流体相中含量（ICP-MS 分析结果）（$\times 10^3$）

（ppm）

实验条件	实验编号	La	Nd	Sm	Eu	Gd	Tb	Dy	Ho	Er	Tm	Yb	Lu	Y
							流 体 相							
800℃ 150MPa	P8T-28-8	27.00	17.37	9.99	8.86	6.14	4.13	3.36	2.69	2.57	1.96	2.21	1.68	3.61
	P5T-28-7	39.62	29.87	22.02	17.52	10.99	8.76	6.64	5.20	3.78	2.55	2.49	1.91	5.84
	P2T-28-4	162.35	83.59	53.04	57.88	35.86	36.83	28.37	38.94	24.99	20.81	21.12	17.86	25.93
	P0T-28-3	7.66	7.00	5.15	5.90	3.74	4.08	2.75	3.46	2.87	3.08	2.62	2.17	3.33
800℃ 100MPa	P8T-26-8	160.02	126.48	84.60	76.23	45.86	34.15	21.95	16.71	12.15	8.45	7.01	6.05	34.58
	P5T-26-4	329.36	272.26	222.30	229.97	122.42	118.65	99.85	87.14	75.74	68.49	66.23	56.07	89.57
	P2T-23-8	108.31	118.07	102.43	113.61	68.70	67.16	48.03	45.44	40.19	32.91	32.53	29.52	45.84
	P0T-26-7	118.52	114.04	92.39	72.31	59.27	54.79	31.80	33.68	27.83	18.78	18.56	13.45	42.52
850℃ 100MPa	P8T-26-3	63.58	50.42	31.13	28.89	19.90	15.43	16.56	8.72	6.72	5.50	4.69	3.76	10.37
	P5T-24-7	164.01	130.55	103.29	84.67	51.06	41.67	31.41	24.82	19.29	14.26	13.84	11.85	23.12
	P2T-24-8	569.66	685.43	650.57	847.34	446.54	452.67	348.15	338.46	295.67	256.01	242.43	212.16	320.28
	P0T-27-7	116.43	107.92	85.56	66.84	50.42	44.96	23.56	24.31	19.16	12.90	11.48	8.93	23.42
850℃ 50MPa	P8T-30-8	1233.40	1014.64	831.82	859.47	617.37	569.52	497.81	471.89	406.84	319.57	288.40	236.47	447.72
	P5T-29-1	321.69	243.65	189.23	157.67	101.08	89.40	70.25	58.67	46.50	38.08	37.37	32.12	56.64
	P2T-30-7	217.00	177.65	126.11	110.17	66.52	52.71	32.40	26.58	18.96	12.97	12.52	10.69	25.72
	P0T-30-1	1106.21	1094.71	946.32	664.11	668.64	675.80	400.89	471.85	379.21	278.78	240.23	181.96	445.28

注：1ppm=10^{-6}。

表 7-3　稀土元素及钇在流体相/熔体相间分配实验中的回收率

(%)

实验条件	实验编号	La	Nd	Sm	Eu	Gd	Tb	Dy	Ho	Er	Tm	Yb	Lu	Y
800℃ 150MPa	P8T-28-8	90.14	89.24	89.35	88.95	84.73	88.10	87.20	88.15	86.59	86.77	86.89	86.23	87.06
	P5T-28-7	98.89	99.87	99.93	98.29	101.26	103.17	97.04	104.98	101.97	101.31	101.50	104.73	99.31
	P2T-28-4	98.44	98.97	99.06	96.28	99.03	99.43	98.44	99.07	98.24	99.02	98.24	99.60	96.72
	P0T-28-3	85.55	86.91	89.97	91.56	87.49	87.09	86.18	88.32	88.09	87.59	88.33	87.25	87.51
800℃ 100MPa	P8T-26-8	90.29	91.26	90.15	89.61	86.26	90.00	88.23	89.21	87.50	88.14	87.77	86.85	87.80
	P5T-26-4	97.79	98.38	97.71	96.69	97.76	98.48	91.89	97.88	96.66	97.15	95.44	98.09	95.00
	P2T-23-8	91.82	92.90	92.05	89.28	90.69	91.11	89.80	90.38	89.06	89.40	89.18	89.64	88.80
	P0T-26-7	91.25	91.82	91.09	89.03	90.55	90.65	90.90	90.30	90.46	90.51	91.35	90.31	91.12
850℃ 100MPa	P8T-26-3	94.23	94.81	94.54	94.63	89.67	92.90	93.37	92.92	91.18	91.56	91.67	90.70	91.76
	P5T-24-7	93.43	95.30	93.90	92.78	94.21	98.44	87.53	93.78	91.75	91.53	91.89	94.81	91.87
	P2T-24-8	95.65	95.84	95.37	92.08	92.95	93.25	92.36	93.02	92.03	93.11	93.05	93.54	91.93
	P0T-27-7	85.41	86.66	85.61	85.91	83.58	83.84	82.87	82.16	81.51	81.61	82.01	80.96	82.98
850℃ 50MPa	P8T-30-8①	31.79	31.96	31.80	31.78	30.09	31.13	31.27	31.10	30.51	30.62	30.64	30.31	30.71
	P5T-29-1	102.73	103.46	102.54	101.20	102.06	103.84	101.11	103.20	101.02	103.29	101.59	103.19	101.22
	P2T-30-7	102.47	104.01	103.61	100.78	101.25	102.04	100.86	101.78	100.19	101.30	101.50	101.33	100.64
	P0T-30-1	98.36	100.11	98.40	98.00	94.95	94.94	93.97	92.84	92.07	92.22	93.24	91.57	95.00

① 实验编号为 P8T-30-8 的实验中，被测元素回收率偏低的原因可能是，利用 LA-ICP-MS 测试固体产物时，因薄片厚度较薄，激光束击穿样品，样品组分被载玻片组分混染，导致样品中被测元素含量偏低所致，其数值仅供参考。

表7-4 稀土元素及钇在流体/熔体相间的分配系数 (D_i)

（×10⁵）

实验条件	实验编号	La	Nd	Sm	Eu	Gd	Tb	Dy	Ho	Er	Tm	Yb	Lu	Y
800℃ 150MPa	P8T-28-8	6.97	5.16	2.88	2.10	1.74	1.02	0.87	0.62	0.65	0.54	0.56	0.48	0.88
	P5T-28-7	9.32	8.16	5.28	4.04	2.96	1.99	1.57	1.10	0.90	0.66	0.55	0.44	1.31
	P2T-28-4	40.51	23.14	14.17	12.93	9.66	8.44	7.75	9.05	6.26	5.62	5.05	4.55	5.96
	P0T-28-3	2.31	2.28	1.51	1.63	1.15	1.04	1.03	0.86	0.77	0.92	0.67	0.64	0.86
850℃ 100MPa	P8T-26-8	41.25	36.77	24.20	17.98	12.76	8.27	5.58	3.79	3.03	2.27	1.75	1.73	8.39
	P5T-26-4	78.36	75.56	54.59	53.94	34.14	28.26	25.01	19.82	19.09	18.52	15.49	13.97	21.03
	P2T-23-8	28.97	34.82	29.45	27.37	20.21	16.79	14.39	11.58	11.11	9.84	8.58	8.35	11.47
	P0T-26-7	33.52	35.13	26.74	20.57	17.61	13.47	11.24	8.18	7.28	5.42	4.59	3.83	10.52
800℃ 100MPa	P8T-26-3	15.70	14.11	8.49	6.45	5.32	3.62	3.98	1.90	1.61	1.42	1.12	1.03	2.41
	P5T-24-7	40.83	37.39	26.38	20.69	14.77	9.93	8.26	5.89	5.12	4.09	3.36	3.05	5.61
	P2T-24-8	146.43	196.30	180.84	198.23	128.29	110.68	101.46	83.88	79.16	73.57	61.29	57.53	77.49
	P0T-27-7	35.18	35.23	26.35	19.70	16.23	11.95	9.13	6.49	5.56	4.13	3.16	2.84	6.36
850℃ 50MPa	P8T-30-8	910.96	849.24	679.11	574.56	494.84	400.44	358.45	307.63	292.17	248.01	206.17	194.44	311.60
	P5T-29-1	72.86	64.29	44.27	35.33	27.00	20.19	15.99	12.66	11.21	9.68	8.21	7.61	12.48
	P2T-30-7	52.02	46.81	32.22	23.51	17.52	11.77	8.64	6.02	4.66	3.42	2.90	2.67	5.68
	P0T-30-1	290.96	310.18	254.14	171.89	189.77	158.80	137.22	111.64	97.54	79.01	58.28	51.14	105.80

　　实验结果表明，12 个 REE 元素（La、Nd、Sm、Eu、Gd、Tb、Dy、Ho、Er、Tm、Yb、Lu）在流体/熔体相间的分配系数 D_{REE} 在 0.000004 ~ 0.003 之间，D_Y 在 0.00001 ~ 0.001 之间，REE 和 Y 强烈趋向于在熔体中富集。在 800℃、150MPa 和 100MPa 条件下，含有 1.98%（质量分数）P_2O_5 的体系具有最大的 D_{REE} 值；与此相反，在 850℃、50MPa 条件下，含有 1.98%（质量分数）P_2O_5 的体系具有最低的 D_{REE} 值；而在 850℃、100MPa 下，含有 4.91%（质量分数）P_2O_5 的体系具有最大的 D_{REE} 值。REE 在流体/熔体相间的分配系数 D_{REE} 随 REE 的原子序数增大而逐渐降低，构成右倾的平滑曲线，即 $D_{LREE} > D_{MREE} > D_{HREE}$（图 7-2）。REE 在流体/熔体相间的分配显示具有压力相关性（图 7-3），压力升高，REE 在流体/熔体间的分配系数降低，表明高的压力不利于 REE 分配进入到流体相中。

　　在所有的实验体系中，Y 与 Ho 在流体/熔体相间分配系数的比值 D_Y/D_{Ho} 约为 1，不受体系 T、P 和 P_2O_5 含量变化的影响（图 7-4）。

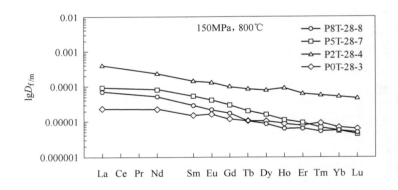

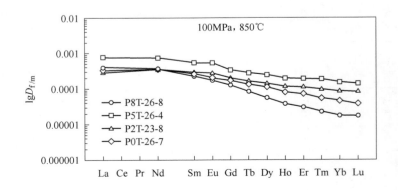

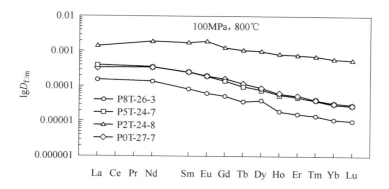

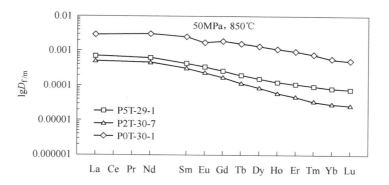

图 7-2 不同实验条件下 REE 在流体/熔体相间分配系数（D_{REE}）配分模式

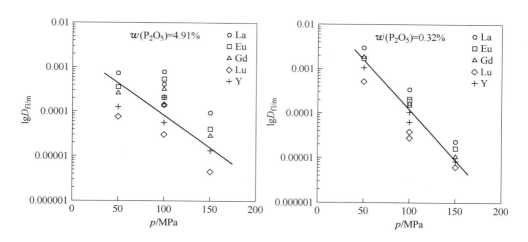

图 7-3 压力对稀土元素在流体/熔体间分配系数的影响

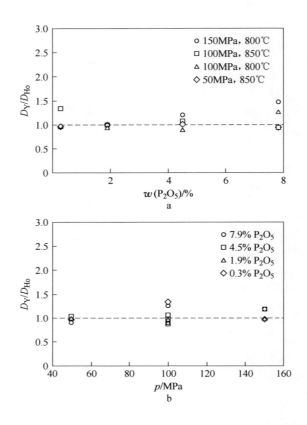

图7-4 D_Y/D_{Ho} 与体系中 P_2O_5 含量（a）和压力 p（b）的相关性

7.3   熔体-流体作用是过铝质岩浆体系存在稀土"四分组效应"的机制

已有的研究表明，高度分异的富挥发分过铝质花岗岩均存在稀土"四分组效应"现象，如湖南千里山黑云母钾长花岗岩和内蒙古巴尔哲钠闪石花岗岩（赵振华等，1999）、德国的 Erzgebirge 花岗岩（Irber，1999）。不仅如此，组成这些岩石的造岩矿物和副矿物也具有显著的稀土"四分组效应"，如湖南千里山黑云母钾长花岗岩中的长石、黑云母、黄玉和独居石（赵振华等，1999）。产生稀土"四分组效应"的机制，目前普遍认为是高度演化的过铝质岩浆体系与富挥发分（F、Cl）流体相互作用的结果（Irber，1999；Bau，1996，1997；赵振华等，1999；赵振华等，1992）。但 Liu 和 Zhang（2005）研究认为，REE"四分组效应"及等价不相容元素（Y-Ho、Zr-Hf、Nb-Ta、Sr-Eu）分异是过铝质岩浆体系的一个基本特征；通过对世界著名的新疆阿尔泰3号伟晶岩磷灰石中微量元素分析表明，各结构带磷灰石矿物存在明显的稀土"四分组效应"和等价不相容元素对的分异（Y-Ho、Zr-Hf、Nb-Ta、Sr-Eu），与之共生的锰铝榴石、碱性长石、绿柱石、锂辉石、电气石等矿物均显示有该特征，而且这一特征在流体相出溶之前的岩浆阶段（Ⅰ~Ⅳ带）结晶的矿物中已经存在，即 REE "四分组效应" 与熔体-流体作用无关。并利用质量平衡计算，提出在岩浆-热液过渡阶段体系中，流体相、结晶相和残余熔体相中球粒陨石标准化 REE 配分模式取决于初始熔体中 REE 配分模式，即初始熔体具有 "M 型" 稀土 "四分组效应"，则岩浆流体相、结晶相和残余熔体相也显示 "M 型" 稀土 "四分组效应"，而不存在 Masuda 等（1987）所提出的稀土 "四分组效应" 镜面对称理论的情形，认为稀土 "四分组效应" 是成对出现的，如果岩浆岩存在 "M 型"，则流体相则显示 "W 型"。

　　本实验结果表明，流体/熔体相互作用过程中，REE 在流体/熔体相间的分配系数（D_{REE}）随 REE 的原子序数增大而逐渐降低，构成右倾的平滑曲线，不存在 Nd-Pm、Gd、Ho-Er 处的拐点，不仅如此，在所有的实验体系中，Y 与 Ho 在流体/熔体相间分配系数的比值（D_Y/D_{Ho}）约为 1，不受体系 T、P 和 P_2O_5 含量变化的影响。上述实验结果显示，富磷过铝质岩浆演化至岩浆-热液过渡阶段，熔体-流体作用不会导致 Y-Ho 间的分异，不会引起 REE 间的分异，因此，过铝质岩浆演化晚期的熔体-流体作用过程不可能是产生稀土 "四分组效应" 的根本机理。本实验结果，毫无疑问为张辉（2001）、Liu 和 Zhang（2005）的推断提供了重要的实验依据，高度演化的过铝质岩浆体系中普遍存在的稀土 "四分组效应" 很可能是继承了其母岩浆的稀土配分模式特征，产生稀土 "四分组效应" 的机制应该追溯到形成过铝质岩浆之前所发生的过程，而不能仅局限于岩浆演化过程中 REE 在各相中的分异。

　　已有的研究揭示，S 型花岗岩（或南岭系列）中的磷灰石具有微弱的稀土 "四分组效应"，而 Ⅰ 型花岗岩（或长江系列）中的磷灰石的稀土配分模式则为上凸的近平滑曲线，因此有理由推断，稀土 "四分组效应" 的产生很可能与 S 型花岗岩成岩作用过程有关。

8 铌钽锰矿在富磷熔体中的溶解度

8.1 研究现状

稀有金属独立矿物是指以稀有金属为主要组成构成的矿物，如锂辉石（$LiAlSi_2O_6$）、绿柱石（$Be_3Al_2Si_6O_{18}$）、铌锰矿（$MnNb_2O_6$）、钽锰矿（$MnTa_2O_6$）、锆石（$ZrSiO_4$）以及铪石（$HfSiO_4$）等。稀有金属独立矿物在熔体中的溶解度蕴含了丰富的地质意义。为什么伟晶岩岩浆可高度富集锂元素？为什么铌和钽的矿化往往与富磷的岩浆体系有关？为什么绿柱石通常出现在伟晶岩的冷凝边带和石英-白云母巢状体带？为什么等价元素对（Nb/Ta 和 Zr/Hf）仅在过铝质熔体中发生分异？上述问题的答案均与稀有金属独立矿物的溶解度有关。

铌钽铁锰矿[$(Fe, Mn)(Ta, Nb)_2O_6$]是金属铌和钽最主要的矿石矿物之一。其主要产于富挥发分如 H_2O、Li、F、P 和 B 的岩浆体系中。Linnen（2005）实验研究了 H_2O 对铌钽锰矿在硅酸盐熔体中溶解度的影响，结果表明，当体系中 H_2O 的含量（质量分数）超过 1% 时，其对铌钽锰矿的溶解度几乎没有影响。相反，Li 可以促进铌钽锰矿在熔体中的溶解度（Linnen，1998）。Keppler（1993）认为，F 可以增加铌钽锰矿在熔体中的溶解度，但是他的实验结果并没有得到后续研究的支持。目前，研究者认为，F 对铌钽锰矿在熔体中的溶解度影响很弱或者说基本没有影响（Van Lichtervelde et al.，2010；Fiege et al.，2011；Aseri et al.，2015）。

除了 H_2O、Li 和 F 以外，P 是铌钽矿化体系中重要的挥发组分。如诸多铌钽矿床都具有富磷的特征，这其中就包括绿柱石-铌铁矿-磷酸盐伟晶岩和稀有金属花岗岩（如中国南平 31 号伟晶岩型 Nb-Ta deposits，Rao et al.，2014；中国宜春 414Nb-Ta deposits，Yin et al.，1995；法国 Beauvoir 花岗岩，Raimbault et al.，1995）。Bartels 等（2010）实验研究后发现，体系中 Li、F、B 和 P 的加入，可增加铌钽锰矿的溶解度，但其结果不能单独说明 P 对铌钽锰矿溶解度的影响。Wolf 和 London（1993）推测磷能增加铌钽锰矿的溶解度，但 Aseri 等（2015）得出了相反的结论，认为体系中磷的加入，将降低铌钽锰矿的溶解度。

本次实验利用人工合成的简单花岗岩作为实验初始物玻璃，人工合成的铌锰矿和钽锰矿作为晶体矿物，开展在 100MPa、800℃ 下铌锰矿和钽锰矿在水饱和的含磷简单花岗质熔体中溶解度的实验研究，旨在了解磷含量变化对铌锰矿和钽锰矿在过碱至过铝的花岗质熔体中溶解度的影响，探讨富磷岩浆体系中铌钽矿化的可能机制。

8.2 实验过程与结果

8.2.1 实验初始物玻璃的制备

本次实验制备了三类不同组成的简单花岗岩玻璃，其 Al/（Na + K）比值分别约为 0.6、1.0、1.2，分别对应于过碱质、准铝质和过铝质组成；除准铝质组成外，每类组成包含四种不同的 P_2O_5 含量（0%、1%、3%、5%）。利用高纯 SiO_2 粉末、高纯 Al_2O_3 粉末以及分析纯 K_2CO_3、Na_2CO_3 和（NH_4）$_3PO_4$ 粉末作为原始材料混合配制，并保持基本恒定的 SiO_2 百分含量（80%左右）以及 Na/K 比值（1.5）。制备过程如下：将上述粉末化合物各自置于刚玉坩埚中，放入干燥箱内维持 120℃ 备用。将充分干燥后的 SiO_2、Al_2O_3、K_2CO_3、Na_2CO_3 粉末按照计算好的质量分数在玛瑙研钵中混合并加入适量丙酮或者酒精研磨 4h 使之充分混合。之后将混合物移入铂金坩埚内置于 JGMT-5/180 型硅钼棒升降式电炉中加热脱 CO_2（以 150℃/h 的速率升温至 1000℃ 并维持 8h），淬火之后置于玛瑙研钵中充分研磨。称取一定量该样品与一定量分析纯（NH_4）$_3PO_4$ 置于玛瑙研钵中研磨 4h 以上以便充分混合，之后将装有上述混合物的铂金坩埚置于电炉中升温至 1500℃，并恒温 1h，快速取出铂金坩埚并置于水槽中使之快速淬火。之后重复 2 ~ 3 次玛瑙研钵中研磨 4h→硅钼棒电炉中升温至 1500℃，并恒温 1h→水槽中快速淬火全过程，由此制得 6 个含磷（P）简单花岗质玻璃。将一定量脱 CO_2 后的混合物在不加入（NH_4）$_3PO_4$ 的情况下重复上述方法制得 3 个无 P 简单花岗质玻璃。利用 X 荧光光谱分析法对上述制备的 9 个简单花岗质玻璃进行主要化学组成的测定。表 8-1 列出了该实验初始物玻璃的主要化学组成。

表 8-1 实验初始物玻璃的主要化学组成

样 号	化学组成（质量分数）/%						ASI
	SiO_2	Al_2O_3	Na_2O	K_2O	P_2O_5	总量	
HP-11-1	78.51	8.63	4.68	5.15	0	96.97	0.65
HP-11-2	77.44	9.11	5.33	4.94	1.11	97.93	0.65
HP-11-3	76.47	8.80	5.45	4.98	3.33	99.03	0.61
HP-11-4	75.35	8.71	5.21	4.68	4.23	98.18	0.64
HP-11-5	78.06	11.02	3.74	4.12	0	96.94	0.98
HP-11-6	77.82	11.78	3.36	3.72	0	96.68	1.23
HP-11-7	77.22	11.61	3.25	3.66	1.01	96.75	1.25
HP-11-8	77.28	11.43	3.18	3.56	3.19	98.64	1.26
HP-11-9	76.51	11.03	3.07	3.43	5.62	99.69	1.26

8.2.2　铌锰矿-钽锰矿的合成

由于铌钽族矿物存在 Nb-Ta 以及 Fe-Mn 端元连续固溶体系列，因此自然界铌钽族矿物通常是 Nb-Ta 以及 Fe-Mn 的中间组成；此外，因铌铁矿中 Fe^{2+} 容易被氧化，不进行氧逸度控制会影响实验结果，而 Mn^{2+} 在通常的实验温度和压力下是稳定的，因此，往往利用铌锰矿和钽锰矿的端元组分进行溶解度实验。根据铌锰矿（$MnNb_2O_6$）中 MnO 和 Nb_2O_5 的化学计量比，本次研究配制了 500mg 的这两种氧化物的混合物，置于黄金管中，加入 50mg 的 5% HF 溶液或者蒸馏水后，焊封金管。称重后置于 110℃ 的烘箱中过夜，在确保无泄漏的情况下，置于 RQV-快速内冷淬火高压釜中，维持在 850℃ 和 100MPa 的温度、压力下 20 天不变。钽锰矿的合成同上。

利用 X 射线粉晶衍射技术对合成的矿物进行分析，得到的衍射图谱与标准 PDF 卡片中收录的铌锰矿和钽锰矿衍射图谱一致（图 8-1），因此可以认为合成成功。利用电子探针对合成的铌钽锰矿进行了主要组成的测定，其组成接近铌钽锰矿的端元组成（表 8-2）。利用分析型电子投射显微镜对合成的矿物晶体进行了颗粒大小的测定，结果表明，所合成的铌锰矿晶体 85% 以上的颗粒大小在 1μm 及以上，90% 的钽锰矿晶体颗粒大小在 3μm 及以上，达到了实验要求。

表 8-2　合成铌锰矿和钽锰矿的组成

合成晶体	$w(MnO)/\%$	$w[(Nb,Ta)_2O_5]/\%$	$Mn/(Nb,Ta)$（摩尔比）	总量（质量分数）/%
$MnNb_2O_6$	21.90(0.33)	77.97(0.69)	0.53(0.01)	99.87
$MnTa_2O_6$	13.37(0.98)	85.51(1.15)	0.49(0.04)	98.88

8.2.3　实验原理

铌锰矿和钽锰矿在硅酸盐熔体中的溶解反应可用如下的等式表征（Keppler, 1993）：

$$MnNb_2O_5(晶体) \Longrightarrow MnO(熔体) + Nb_2O_5(熔体)$$

$$MnTa_2O_5(晶体) \Longrightarrow MnO(熔体) + Ta_2O_5(熔体)$$

其溶解系数值也即上述反应的平衡常数，分别为：

$$K_{sp}^{Nb}[mol^2/kg^2] \Longrightarrow X(MnO)[mol/kg] \times X(Nb_2O_5)[mol/kg]$$

$$K_{sp}^{Ta}[mol^2/kg^2] \Longrightarrow X(MnO)[mol/kg] \times X(Ta_2O_5)[mol/kg]$$

式中，$X(\mathrm{MnO})$、$X(\mathrm{Nb_2O_5})$ 和 $X(\mathrm{Ta_2O_5})$ 分别为该三种氧化物在玻璃中的质量摩尔浓度，因此，只需测量实验产物玻璃中的 MnO 和 $\mathrm{Nb_2O_5}$ 或 $\mathrm{Ta_2O_5}$ 含量就可以通过计算获得上述矿物在熔体中的溶解度。

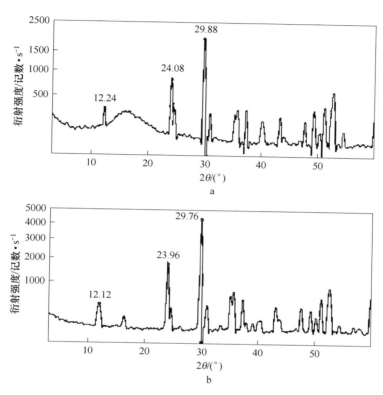

图 8-1　人工合成铌锰矿（a）和钽锰矿（b）X 射线粉晶衍射图谱

前人的研究表明，200MPa 和 800℃ 下简单花岗质熔体中的饱和水含量（质量分数）在 6% 左右，随着压力降低，水在其中的溶解度呈微弱下降趋势（Holtz et al.，1993）。因此，本次研究将水的加入量（质量分数）限定在 5%～6% 范围内，以此使反应体系中水的含量达到近饱和或弱过饱和。

8.2.4　实验温度、压力和时间的确定

前人研究表明，在压力为 100MPa、水饱和条件下花岗岩的液相线温度为 800～820℃，因此本次实验的初始温度为 850℃，并恒温 24h 以保证实验初始物玻璃能全部熔融，产生均一熔体。然后以 2～3℃/min 冷速下降到实验温度 800℃，在此过程中，压力保持不变。已有的研究表明，稀有金属花岗岩和伟晶岩的形成压力为 1～400MPa。由于本次实验所用的装置其最高工作压力为

200MPa，考虑实验装置需要长期工作下的稳定性，因此将本次实验的压力确定为100MPa。

已有的研究揭示，铌锰矿和钽锰矿在水饱和的准铝质花岗岩熔体中达到溶解平衡所需的时间为5～8天（Fiege et al.，2011），考虑到钽锰矿具有比铌锰矿更高的溶解度（有利于分析测试时获得更为准确的数据），同时溶解出的元素在聚合度高的准铝质熔体中相对更难扩散，因此本实验以钽锰矿在水饱和的准铝质熔体中的溶解实验来确定溶解平衡时间，并作为钽锰矿在过碱质和过铝质熔体中达到溶解度平衡所需时间，同时推广到铌锰矿在过碱质、准铝质和过铝质中的溶解度实验。因此本次实验进行了时间分别为10天和16天的钽锰矿在水饱和的准铝质熔体中的溶解实验，以此确定铌锰矿和钽锰矿在水饱和的花岗质熔体中达到溶解平衡所需的反应时间。

8.2.5　实验过程

实验全部采用黄金管作为样品管，大小约为4mm（外径）×3.8mm（内径）×67mm（长度），实验前黄金管先在温热的重铬酸钾溶液中浸泡15min，再经去离子水反复冲洗后，置于烘箱烘干备用。将大约200mg的实验初始物玻璃与20mg的矿物晶体轻轻混合，置于黄金管中，并用微量进样器准确量取10～12μL的去离子水沿管壁缓慢注入（使所有的熔体中水近于饱和或略微过饱和，以便加快溶解平衡的同时不产生独立的流体相），焊封黄金管，称重后置于110℃的烘箱中过夜。

在确保无泄漏的情况下，将黄金管置于"RQV-快速内淬火"高压釜中。先加压至30MPa，按一定速率在2～3h内升温至850℃，最终调整压力至100MPa，之后在恒压恒温下熔化24h，然后按1℃/min的速率降温至实验设定温度。之后重新微调压力至100MPa。实验过程中，如压力有变化应随时调整至100MPa。实验结束后，断开加热按钮，同时将釜体迅速抽出加热电炉，并旋转90°，样品管即因重力作用而掉入到淬火釜中，并在数秒内完成淬火。快速淬火后，从高压釜中取出黄金管，经去离子水反复冲洗，并置于110℃烘箱中烘干1h，之后利用分析天平称重，如实验前后黄金管重量的绝对误差小于0.5mg，则为成功实验。用刀片切开黄金管，取出实验固相产物，制成薄片后进行显微分析和电子探针分析。

8.2.6　分析测试

实验初始物玻璃的主要化学组成分析测试利用中国科学院地球化学研究所矿床地球化学国家重点实验室的X荧光光谱仪完成，而合成矿物和实验产物玻璃的主要化学组成则分别采用南京大学内生金属成矿作用国家重点实验室的JEOL JXA-8800M型电子探针与东华理工大学核资源和环境省部共建国家重点实验室培育基地的 JEOL JXA-8100 型电子探针进行分析。利用电子探针对实验产物玻璃，尤其是含水玻璃进行主要化学成分测定时，由于碱质元素，尤其是 Na、K 在电子轰击下易于逃逸，导致 Na、K 含量显著偏低，Si、Al 含量增大。为此，确定小电流、大束斑分析玻璃中 Na、K、Al、Si 含量的电子探针工作条件，即选择加速电压 20kV、电流 2nA、束斑 20μm、计时 30s。以硅灰石、刚玉、钠长石、正长石和磷灰石作为标准矿物测定实验产物玻璃中 SiO_2、Al_2O_3、Na_2O、K_2O 和 P_2O_5 含量，测定结果的相对误差在 1% 以内。而测定合成矿物和实验产物玻璃中的 Nb、Ta 和 Mn 时则分别采用金属 Nb、金属 Ta 和 $MnTiO_3$ 作为标样，由于合成的铌锰矿和钽锰矿的晶体颗粒大多在 1μm 左右，因此测定实验产物玻璃中残留的铌锰矿或钽锰矿的晶体化学组成时，采用的工作条件为：加速电压 15kV，电流 5nA，电子束直径 1μm 或者聚焦，测试时间 10s，测定结果的相对误差在 1% 以内。而测定实验产物玻璃中 Nb、Ta 和 Mn 的含量时，其工作条件为：加速电压 15kV，电流 5nA，电子束直径 5~10μm，测试时间 10s，测定结果的相对误差在 5% 以内。考虑到熔体中水含量（质量分数）超过 3% 时，铌锰矿和钽锰矿的溶解度不再随着水含量的增加而增大，而且本次实验各个体系中的水含量（质量分数）在 5%~6% 之间，此外，基于实验产物玻璃中测得的其他元素的百分含量总和，可对水的含量进行大致预测，因此，本次实验未测试产物玻璃中的水含量。

8.2.7　实验结果

8.2.7.1　溶解平衡时间的确定

通常情况下，确定矿物在熔体中达到溶解平衡所需时间必须同时满足以下两个条件：一是矿物溶解出的元素必须在熔体中充分扩散，即在各处具有均一的浓度；二是不同的实验时间内获得的表征矿物溶解度的溶解度积必须在误差范围内一致。鉴于此，本次研究进行了反应时间分别为 10 天和 16 天的钽锰矿在准铝质熔体中溶解度的实验。如表 8-3 所示，两次实验（序号 Ta9 和 Ta9[1]）测得的 MnO 含量和 Ta_2O_5 含量在误差范围内一致，可以断定实验中矿物溶解出的 Mn、Ta 都得到了充分扩散。因此，本次研究确定 10 天作为达到溶解平衡所需的实验时间。该反应时间下获得的实验结果与 Linnen 和 Keppler（1997）在反应时间为 20 天下获得的钽锰矿在水饱和的准铝质熔体中的溶解度数据在误差范围内基本一致。

8.2.7.2　实验结果

实验产物主要由玻璃（熔体淬火产物）和铌钽锰矿晶体组成（图 8-2）。实验产物玻璃的主要化学组成见表 8-3。实验结果表明，在相同的条件下，铌锰矿、

表 8-3　实验结果及实验产物的主要组成

实验号	样品号	$w(SiO_2)$/%	$w(Al_2O_3)$/%	$w(Na_2O)$/%	$w(K_2O)$/%	$w(H_2O)$①/%	ASI	EA /mol·kg^{-1}	EA_{Mn} /mol·kg^{-1}	EA_{LK} /mol·kg^{-1}	ΔEA /mol·kg^{-1}	$w(P_2O_5)$/%	P/M	$w(MnO)$/%	$w[(Nb,Ta)_2O_5]$/%	Mn/(Nb,Ta)②	K_{sp} /mol²·kg^{-2}	$\lg K_{sp}$
Nb1	HP-11-1	75.82	8.02	3.93	4.51	4.53	0.71	0.65	0.89	—	0	0	0	0.85	2.33	0.68	104.89×10^{-4}	-1.98
Nb2	HP-11-2	74.37	8.63	4.56	4.57	4.66	0.69	0.75	0.94	0.60	0.34	0.91	0.38	0.68	1.63	0.78	58.83×10^{-4}	-2.23
Nb3	HP-11-3	73.97	8.23	4.37	4.54	4.29	0.68	0.76	0.89	0.35	0.54	2.92	0.77	0.46	1.22	0.71	29.95×10^{-4}	-2.52
Nb4	HP-11-4	73.59	7.93	443	4.43	4.81	0.66	0.79	0.90	0.20	0.70	3.92	0.79	0.38	0.80	0.89	16.11×10^{-4}	-2.79
Nb5	HP-11-6	77.57	10.55	2.95	3.30	4.98	1.25	-0.42	-0.37	—	0	0	—	0.18	0.47	0.72	4.50×10^{-4}	-3.35
Nb6	HP-11-7	75.92	11.05	3.13	3.39	5.22	1.25	-0.44	-0.40	—	—	0.87	—	0.14	0.28	0.95	2.07×10^{-4}	-3.68
Nb7	HP-11-8	74.97	10.71	2.99	3.23	4.85	1.27	-0.45	-0.42	—	—	2.93	—	0.10	0.21	0.84	1.12×10^{-4}	-3.95
Nb8	HP-11-9	73.36	10.48	2.91	3.15	4.61	1.28	-0.45	-0.43	—	—	5.25	—	0.08	0.18	0.82	0.73×10^{-4}	-4.14
Ta1	HP-11-1	74.33	7.77	3.89	4.51	4.20	0.69	0.69	0.90	—	0	0	—	0.74	4.55	0.51	107.62×10^{-4}	-1.97
Ta2	HP-11-2	74.51	8.16	4.43	4.26	4.60	0.69	0.73	0.99	0.50	0.49	0.91	0.26	0.89	2.24	1.24	63.65×10^{-4}	-2.20
Ta3	HP-11-3	72.79	8.43	4.39	4.41	4.55	0.70	0.70	0.79	0.20	0.59	3.05	0.73	0.32	2.08	0.46	21.49×10^{-4}	-2.67
Ta4	HP-11-4	73.81	7.57	4.41	4.40	4.70	0.63	0.87	0.94	0.10	0.84	3.85	0.64	0.24	1.06	0.70	7.96×10^{-4}	-3.10
Ta5	HP-11-6	77.26	10.72	2.82	3.51	4.82	1.25	-0.45	-0.40	—	0	0	—	0.16	0.70	0.70	3.57×10^{-4}	-3.45
Ta6	HP-11-7	76.27	10.76	3.09	3.26	5.17	1.25	-0.42	-0.39	—	—	0.93	—	0.12	0.40	0.93	1.55×10^{-4}	-3.81
Ta7	HP-11-8	74.75	10.51	3.09	3.23	5.34	1.22	-0.38	-0.37	—	—	2.90	—	0.02	0.16	0.48	0.12×10^{-4}	-4.91
Ta8	HP-11-9	73.20	10.47	2.90	3.16	4.87	1.28	-0.45	-0.44	—	—	5.20	—	0.03	0.16	0.56	0.14×10^{-4}	-4.85
Ta9	HP-11-5	76.65	10.41	3.65	4.02	4.46	1.00	-0.01	0.04	—	—	0	—	0.17	0.65	0.83	3.54×10^{-4}	-3.45
Ta9¹	HP-11-5	76.77	10.47	3.66	4.08	4.21	1.00	-0.01	0.04	—	—	0	—	0.15	0.65	0.74	3.16×10^{-4}	-3.50

① $w(H_2O)$ = 100% - EMPA（电子探针分析组成的总和）；

② Mn/(Nb,Ta) 表示熔体中锰和铌钽的摩尔比值。

钽锰矿在过碱质熔体中具有远远高于其在准铝质和过铝质熔体中的溶解度。在不含磷的水饱和熔体中，铌锰矿的溶解度积从过碱质熔体（$ASI = 0.65$）中的 $104.89 \times 10^{-4} \, mol^2/kg^2$ 降至过铝质熔体（$ASI = 1.23$）中的 $4.50 \times 10^{-4} \, mol^2/kg^2$；而钽锰矿的溶解度积则从过碱质熔体（$ASI = 0.65$）中的 $107.62 \times 10^{-4} \, mol^2/kg^2$ 降至准铝质熔体（$ASI = 1.00$）中的 $3.54 \times 10^{-4} \, mol^2/kg^2$ 和过铝质熔体（$ASI = 1.23$）中的 $3.57 \times 10^{-4} \, mol^2/kg^2$。Linnen 等（1997）在 200MPa、800℃ 下也获得了上述矿物在水饱和的过碱质至过铝质熔体中的溶解度，其中铌锰矿、钽锰矿的溶解度积分别从过碱质熔体（$ASI = 0.64$）中的 $202 \times 10^{-4} \, mol^2/kg^2$、$255 \times 10^{-4} \, mol^2/kg^2$ 降至准铝质熔体（$ASI = 1.02$）中的 $1.2 \times 10^{-4} \, mol^2/kg^2$、$2.6 \times 10^{-4} \, mol^2/kg^2$ 和过铝质熔体（$ASI = 1.22$）中的 $1.74 \times 10^{-4} \, mol^2/kg^2$、$4.6 \times 10^{-4} \, mol^2/kg^2$。显然，本次实验结果表明的铌锰矿、钽锰矿在不含磷熔体中的溶解度随铝饱和度指数的变化趋势以及两者溶解度之间的差异与 Linnen 等（1997）的实验结果基本一致。必须指出的是，本实验结果与 Linnen 等（1997）的实验结果存在一定差异，这很可能是熔体组成上的差异（ASI 略有不同）、实验压力的不同以及分析误差所致。

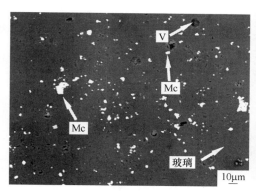 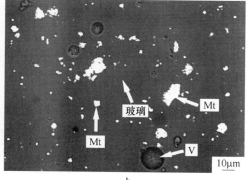

图 8-2　实验产物背散射照片

a—430×；b—600×

铌锰矿和钽锰矿的 K_{sp} 值与熔体中 P_2O_5 含量的关系如图 8-3 所示，在过碱质熔体（$ASI = 0.61 \sim 0.65$）中，随着 P_2O_5 含量从 0% 升至 3.92%，铌锰矿的 K_{sp} 值从 $104.89 \times 10^{-4} \, mol^2/kg^2$ 逐渐降至 $16.11 \times 10^{-4} \, mol^2/kg^2$，而在过铝质熔体（$ASI = 1.25 \sim 1.28$）中，随着 P_2O_5 含量的逐渐升高，铌锰矿的 K_{sp} 值从无 P_2O_5 的 $4.50 \times 10^{-4} \, mol^2/kg^2$ 降至 5.25% P_2O_5 的 $0.73 \times 10^{-4} \, mol^2/kg^2$。随着 P_2O_5 含量的变化，钽锰矿在不同化学组成的熔体中的 K_{sp} 值呈现出与铌锰矿一致的变

化规律（图8-3），在过碱质熔体（$ASI = 0.63 \sim 0.70$）中，随着 P_2O_5 含量从 0% 升至 3.85%，钽锰矿的 K_{sp} 值从 $107.62 \times 10^{-4} \ \text{mol}^2/\text{kg}^2$ 逐渐降至 $7.96 \times 10^{-4} \text{mol}^2/\text{kg}^2$；而在过铝质熔体（$ASI = 1.22 \sim 1.28$）中，随着 P_2O_5 含量的逐渐升高，钽锰矿的 K_{sp} 值从无 P_2O_5 的 $7.96 \times 10^{-4} \text{mol}^2/\text{kg}^2$ 降至 5.20% P_2O_5 的 $1.55 \times 10^{-4} \text{mol}^2/\text{kg}^2$。

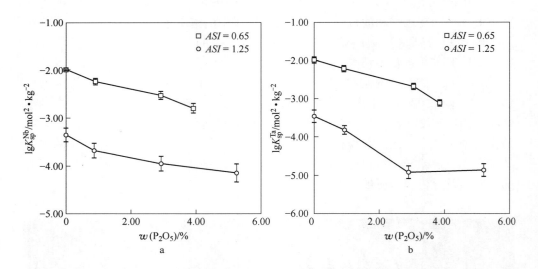

图 8-3　磷对铌（a）和钽（b）在硅酸盐熔体中溶解度的影响

8.2.8　磷对铌钽锰矿溶解度影响的机制

硅酸盐熔体中的阳离子可以分为成网离子和变网离子。成网离子是指具有电荷大、半径小、电离势大的阳离子，这类阳离子争夺氧的能力强，在熔体中通常与桥氧（BO：bridge oxygen）呈四次配位，结构上常构成四面体的中心离子，起形成网格、增强聚合度的作用，如 Si^{4+}、Ti^{4+}、Al^{3+} 等阳离子；变网离子的电荷小、半径大、活动性强，争夺氧的能力较弱，在熔体中一般与非桥氧（NBO：non-bridge oxygen）或自由氧呈六次或更高次配位，位于四面体之间，对熔体起解聚作用，如 Na^+、K^+、Ca^{2+}、Fe^{2+}、Mn^{2+} 等阳离子。

已有的实验研究表明，铌和钽在硅酸盐熔体中的溶解与熔体中的 NBO 数量具有密切相关性。Keppler（1993）的实验表明，氟（F）可促进铌和钽在水饱和的简单花岗质熔体中的溶解，其有两种可能的方式：一是直接与 F 形成氟复合物而稳定存在于熔体中；二是 F 的加入导致熔体产生了更多的 NBO 结合，从而间接增加了铌和钽。对熔体结构进行的光谱分析显示，F 不会与 Nb、Ta 形成氟复合物，而是倾向于与四面体结构中心的 Al 相互结合，该反应可释放出起平衡电荷作用的碱金属离子从而产生 NBO，并与 Nb、Ta 结合（Schaller et al. , 1992）。光谱学研究进一步证实，在无水或含水的过铝质和过碱质熔体中，Nb^{5+} 都以六次配位的形式出现，其与 NBO 结合形成 Nb-O-$[(Al,Si)$-$(Na,K)]$ 化合物，表现出变网阳离子的结构作用（Piilonen et al. , 2006）。综上所述，Nb、Ta 在硅酸盐熔体中很可能是以与 NBO 结合的形式而存在的。

已有的研究表明，在 SiO_2-Al_2O_3-Na_2O-K_2O 体系中，可以用熔体性质参数 Na + K-Al（单位为 mol/kg）的数值来表示熔体的性质和 NBO 的数量，当 Na + K-Al > 0 时，表示熔体为过碱质熔体，数值越大，NBO 的数量越多；当 Na + K-Al = 0 时，熔体为准铝质熔体，该熔体聚合程度最大；当 Na + K-Al < 0 时，熔体为过铝质熔体，该熔体中，Al 的结构位置较为复杂，NBO 的数量与 Na + K-Al 的数值不一定呈线性关系。

如图 8-4a 和图 8-4b 所示，铌钽锰矿在不含磷的硅酸盐熔体中的溶解度接近于 Linnen 和 Keppler（1997）的参考线，但在含磷体系中，却偏离参考线较远，且成串分布。在过碱熔体中，磷主要与变网离子结合，形成磷酸盐结构，如 M_3PO_4、$M_4P_2O_7$ 或 MPO_3（M = Na^+、K^+、Mn^{2+} 等变网离子）（Gan and Hess, 1992；Toplis and Dingwell, 1996）。因此如果考虑磷的结构位置，熔体性质参数 Na + K-Al 可变换为 Na + K + 2Mn-Al + / − nP（n 的数值为磷/变网离子）。具体 n 的数值由本次实验结果与参考线之间的距离获得。以实验序号 Ta2 为例，不考虑磷的情况下，熔体性质参数为 0.94mol/kg，参考线的熔体性质参数为 0.60mol/kg，二者之间的差值为 0.34mol/kg，而熔体中磷的含量为 0.13mol/kg，因此磷/变网离子的数值为 1/3（0.13/0.34），从而可以推测熔体中磷应该与变网离子形成了 M_3PO_4 的结构。图 8-4c 和图 8-4d 显示了本次实验中，不同的磷含量熔体中磷与变网离子之间的配合关系。

图 8-4e 和图 8-4f 显示，当将磷的结构位置考虑到熔体组成参数中之后，本次实验结果就非常接近参考线了，暗示磷应该是通过改变熔体中 NBO 的数量来间接影响铌钽锰矿溶解度的。磷在过铝质熔体中的结构相对比较复杂。前人研究表明，在过铝质熔体中，磷倾向于与铝结合，形成 $AlPO_4$ 结构单元（Mysen et al. , 1997；Wolf and London, 1994）。但熔体中的 Al 具有两个不同的结构位置，一种是 Al 为变网离子（Mysen and Toplis, 2007；Thompson and Stebbins, 2011）。在这种情况下，磷与铝的结合，将导致熔体中 NBO 数量的减少，从而降低铌钽锰矿在熔体中的溶解度。另外一种情况是，当总磷的数量超过了过剩铝的数量以后，磷将与成网离子的 Al 结合，从而导致 NBO 数量的增加，在这种情况下，磷一方面减少 NBO 数量，另一方面可以增加 NBO 数量，其最终结果是保持 NBO 数量不变或变化趋势较小。这可能是钽锰矿在约 5%（质量分数）P_2O_5 和约 3%（质量分数）P_2O_5 熔体中具有几乎相同溶解度的原因。

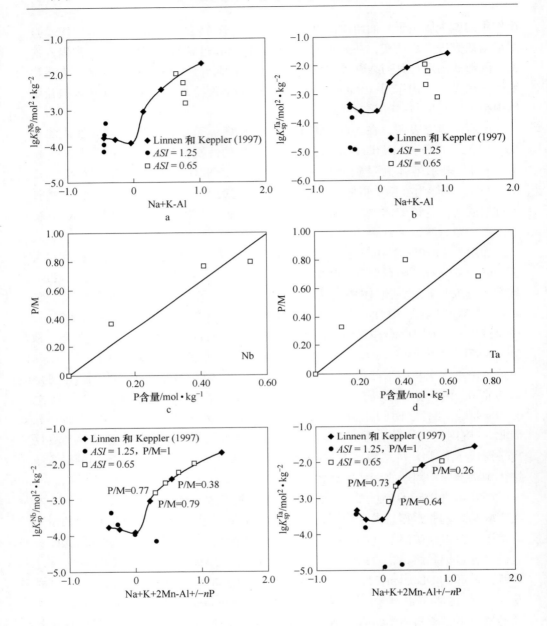

图 8-4　熔体组成对铌钽锰矿溶解度的影响

8.3　地质意义

实验结果表明，铌钽矿物在富挥发分的过铝质和过碱质的熔体中具有较大的溶解度，如在 800℃ 和 100MPa 条件下，铌钽锰矿在不含磷的过铝质熔体中达到饱和溶解时，熔体中的 Nb_2O_5 和 Ta_2O_5 的含量（质量分数）可以分别达到 0.47% 和 0.70%。如此高的稀有金属含量，暗示该熔体具有携带巨量稀有金属的能力，具有重要的成矿潜力。然而，对于典型的铌钽矿床而言，铌钽的含量都在 ppm 级（$1ppm = 10^{-6}$）。如法国 Beauvoir 花岗岩中的 Ta 含量不会超过 300ppm（Raimbault，1995），著名的 Tanco 伟晶岩中 Ta 的含量估计也在 300ppm 左右（Stilling et al.，2006）。实验结果暗示，铌钽矿物很难在自然界岩体中饱和结晶。但事实上，铌钽矿物通常被认为是岩浆结晶的产物（Linnen and Cuney，2005）。这个矛盾之处，可以用两种机制来解释，第一种机制是，铌钽矿物的结晶温度远远小于本次的实验温度，因为温度对铌钽矿物在熔体中溶解度的影响很大，温度降低，铌钽矿物在熔体中的溶解度急剧降低（Linnen and Keppler，1997；Linnen，1998；Bartels et al.，2010；Van Lichtervelde et al.，2010；Fiege et al.，2011；Aseri et al.，2015）。London（2008）认为伟晶岩的固相线温度可以低于450℃。根据 Linnen 和 Cuney（2005）的实验数据，London（2015）推测 Tanco 伟晶岩的结晶温度可能在 475~525℃ 之间。如此低的温度，足以让铌钽矿物从岩浆中饱和晶出。

根据本次实验结果，我们提出了第二种可能机制。在伟晶岩形成过程中，因为元素之间的扩散速率不一样，所以在结晶的矿物周边可以形成一个边界层，扩散速率较慢的元素，可以在该边界层高度富集。如 Thomas 等（1998）在一个石英包裹体中发现熔体中 P_2O_5 含量（质量分数）可以高达40%。London（1998；2014；2015）认为异常高的 P_2O_5 含量可能是因为在长石特别是石英的结晶时，磷在熔体中较慢地扩散，从而在晶体周边边界层堆积形成的。前人研究表明，在800℃，磷和硼的扩散系数分别为 $1.90 \times 10^{-13} m^2/s$ 和 $5.57 \times 10^{-12} m^2/s$（London，2009）。富 B 的边界层已经获得了实验的证实（London，2005）。因为磷的扩散速率比硼更小，所以 P 更容易在边界层中富集。Nb 和 Ta 在熔体中的扩散速率更慢，如 Nb 在花岗质熔体中的扩散速率为 $7.84 \times 10^{-16} m^2/s$（Mungall et al.，1999）。在这种情况下，尽管整个熔体中铌钽含量较低，铌钽仍然能饱和结晶，一方面是因为铌钽可在边界层中富集，另一方面是磷的富集导致了上述元素在熔体中溶解度的降低。

铌钽锰矿矿物在过碱质熔体中的溶解度都在百分级以上，所以铌钽锰（铁）不可能在过碱质熔体中饱和晶出。事实确实如此，在过碱质熔体中，是烧绿石而不是铌钽锰（铁）作为主要的含铌钽矿物（Mccreath et al.，2013；Linnen et al.，2014），但根据本次实验结果，如果过碱质熔体富磷的话，铌钽锰（铁）矿亦有可能晶出，因为磷的加入，可以导致上述矿物溶解度的降低。

9 主要结论及存在问题

通过开展磷对过铝质岩浆液相线温度的影响、岩浆液态分离、磷灰石-锰铝榴石矿物对平衡对熔体相中磷的制约以及富磷过铝质岩浆-热液体系中微量元素（包括 REE）地球化学行为等的实验研究，获得了如下几点重要结论：

（1）100MPa 条件下实验研究揭示，随着体系中 P_2O_5 的含量（质量分数）增大，液相线温度由实验初始物（414 岩体钠长花岗岩，含 0.27% P_2O_5）的810℃降至体系含 1.91% P_2O_5 时的 780℃、含 4.82% P_2O_5 时的 760℃、含 7.71% P_2O_5 时的 740℃，即体系中每增加 1% P_2O_5，液相线温度降低 7～10℃。在过铝质岩浆体系中，随着 P 的加入，P^{5+} 与过剩的 Al^{3+} 结合形成 $AlPO_4$，降低了熔体中 Al_2O_3 组分活度，促使碱性长石组分活度降低，阻碍了碱性长石的饱和结晶，很可能是导致体系液相线温度降低的机理。富磷过铝质岩浆具有相对低的液相线温度，表明富磷过铝质岩浆可以形成于地壳相对较浅位置，在特定的构造背景下所形成的富磷过铝质岩浆体系很可能是一种富含稀有金属的岩浆，与 W、Sn、Be、Nb、Ta、Zr、Hf 等稀有金属矿化具有成因联系。

（2）不同 PTX 条件下的实验产物中均未见不混溶球粒结构、乳滴结构或流动构造，初步推断富磷过铝质岩浆体系中可能不存在单纯由磷引起的岩浆液态分离现象。在过铝质熔体中，P^{5+} 与 Al^{3+} 结合生成 $AlPO_4$ 或更有可能是形成了类似于 $Q_{Si}^n(n=1\sim4)$ 的结构单元 $Q_P^n(n=1\sim4)$，与 F 不同，P 可能完全替代 Si 而进入到硅酸盐熔体结构，不能形成独立的富磷单元，以致不利于液态分离的产生。

（3）锰铝榴石-磷灰石矿物平衡反应制约着形成过铝质初始岩浆中 P_2O_5 含量，熔体相中 P_2O_5 含量（质量分数）变化于 750℃时的 0.47%～0.80%，830℃时的 0.35%～2.26% 范围。熔体相中的 P_2O_5 含量与 ASI 之间存在二次函数关系 $[w(P_2O_5)=3.5ASI^2-11.3ASI+9.5]$。锰铝榴石溶解，促使体系中 Al_2O_3 活度增大，含锰氟磷灰石的溶解及其端元磷灰石结晶之间的化学平衡，导致熔体相中 P_2O_5 含量的降低，很可能是熔体中 P_2O_5 含量随体系 ASI 增大而降低的机制。

（4）不同 PTX 条件下稀有金属元素（W、Sn、Be、Nb、Ta）在流体/熔体相间的分配系数（$D_i^{f/m}$）≪0.1，预示着 W、Sn、Be、Nb、Ta 强烈富集在富磷过铝质熔体相中。W、Nb、Ta 在流体/富磷过铝质熔体相间的分配还显示出与压力的相关性，随压力的降低而降低。上述实验结果表明，富磷过铝质岩浆体系的演化晚期，不太可能分异出富含上述成矿元素的成矿流体。随着岩浆分异演化的进行，残余熔体相中最终导致绿柱石、锆石、锡石、铌钽矿物等矿物饱和结晶，形成有经济意义的花岗岩型或伟晶岩型稀有金属矿床。

（5）不同 PTX 条件下 REE 在流体/熔体间的分配系数（D_{REE}）随 REE 的原子序数增大而逐渐降低，构成右倾的平滑曲线，不存在在 Nd-Pm、Gd、Ho-Er 处的拐点；Y 与 Ho 在流体/熔体相间分配系数的比值（D_Y/D_{Ho}）约为 1，不受体系温度、压力和 P_2O_5 含量变化的影响。上述实验结果揭示，富磷过铝质岩浆演化至岩浆-热液过渡阶段体系，熔体-流体作用过程不会导致 Y-Ho 间的分异，不会引起 REE 间的分异，因此，富磷过铝质岩浆演化晚期的熔体-流体作用过程不可能是产生稀土"四分组效应"的根本机理。

在获得以上认识的同时，由于客观及主观的原因，本研究工作中还存在某些不足地方，有待于下一步的完善，主要包括：

（1）所开展的 P 对过铝质岩浆液相线温度影响的实验，因实验产物中碱性长石的颗粒太小，无法对其进行电子探针定量分析，因此书中没有给出碱性长石化学组成分析结果。在以后的实验中，应延长实验时间，促进岩浆的分离结晶以满足 EMPA 分析的要求。

（2）由于本次实验所取用的 YS-02-48 钠长花岗岩中铁镁质含量过低（Fe_2O_3、MgO 和 CaO 的含量（质量分数）分别仅为 0.32%、0.02% 和 0.49%），熔体中明显缺少 6 配位的 Fe、Mg 等变网离子，不利于熔体的解聚和不混溶结构的发生。此外，考虑到熔融包裹体和岩石学证据所显示的过铝质岩浆体系中很可能存在液相不混溶现象的岩浆，不仅以高 P 含量，而且以高 F 含量为特征。因此，过铝质伟晶岩存在液态不混溶现象，抑或是由体系富 F 引起的，或者是由 F、P 协同作用的结果。根据以上分析，我们拟将在下一步利用诸广山黑云母花岗岩为实验初始物，继续开展富 P 岩浆体系和富 P、F 岩浆体系的不混溶实验研究。

参 考 文 献

［1］ Akagi T, Nakai S I, Shimizu H, et al. Constraint on the geochemical stage causing tetrad effect in Kimuraite: Comparative studies on Kimuraite and its related rocks, from REE pattern and Nd isotope ratio ［J］. Geochemical Journal, 1996, 30: 139-148.

［2］ Akagi T, Shabani M B, Masuda A. Lanthanide tetrad effect in kimuraite ［CaY$_2$(CO$_3$)$_4$-6H$_2$O］: Implication for a new geochemical index ［J］. Geochimica et Cosmochimica Acta, 1993, 57 (12): 2899-2905.

［3］ Anders E, Grevesse N. Abundances of the elements: Meteoritic and solar ［J］. Geochimica et Cosmochimica Acta, 1989, 53(1): 197-214.

［4］ Aseri A A, Linnen R L, Che X D, et al. Effects of fluorine on the solubilities of Nb, Ta, Zr and Hf minerals in highly fluxed water-saturated haplogranitic melts ［J］. Ore Geology Reviews, 2015, 64: 736-746.

［5］ Ayers J C, Eggler D H. Partitioning of elements between silicate melt and H$_2$O-NaCl fluids at 1.5 and 2.0GPa pressure: Implications for mantle metasomatism ［J］. Geochimica et Cosmochimica Acta, 1995, 59(20): 4237-4246.

［6］ Bai T B, Koster van Groos A F. The distribution of Na, K, Rb, Sr, Al, Ge, Cu, W, Mo, La, and Ce between granitic melts and coexisting aqueous fluids ［J］. Geochimica et Cosmochimica Acta, 1999, 63(7-8): 1117-1131.

［7］ Bartels A, Holtz F, Linnen R L. Solubility of manganotantalite and manganocolumbite in pegmatitic melts ［J］. American Mineralogist, 2010, 95(4): 537-544.

［8］ Bau M. Controls on the fractionation of isovalent trace elements in magmatic and aqueous systems: evidence from Y/Ho, Zr/Hf, and lanthanide tetrad effect ［J］. Contributions to Mineralogy and Petrology, 1996, 123(3): 323-333.

［9］ Bau M. The lanthanide tetrad effect in highly evolved felsic igneous rocks—a reply to the comment by Y. Pan ［J］. Contributions to Mineralogy and Petrology, 1997, 128(4): 409-412.

［10］ Bea F. Residence of REE, Y, Thand U in Granites and Crustal Protoliths; Implications for the Chemistry of Crustal Melts ［J］. Journal of Petrology, 1996, 37(3): 521.

［11］ Bea F, Fershtater G, Corretge L G. The geochemistry of phosphorus in granite rocks and the effect of aluminium ［J］. Lithos, 1992, 29(1-2): 43-56.

［12］ Bea F, Pereira M D, Corretge L G, et al. Differentiation of strongly peraluminous, perphosphorus granites: The pedrobernardo pluton, central Spain ［J］. Geochimica et Cosmochimica Acta, 1994, 58(12): 2609-2627.

［13］ Belousova E A, Griffin W L, O'Reilly S Y, et al. Apatite as an indicator mineral for mineral exploration: trace-element compositions and their relationship to host rock type ［J］. Journal of Geochemical Exploration, 2002, 76(1): 45-69.

［14］ Bowen N L. The Evolution of the Igneous Rocks: Princeton ［M］. New Jersey, Princeton University Press, 1928.

［15］ Breiter K, Kronz A. Phosphorus-rich topaz from fractionated granites (Podlesí, Czech Republic) [J]. Mineralogy and Petrology, 2004, 81(3): 235-247.

[16] Breiter K, Forster H J, Skoda R. Extreme P-, Bi-, Nb-, Sc-, U- and F-rich zircon from fractionated perphosphorous granites: The peraluminous Podlesi granite system, Czech Republic [J]. Lithos, 2006, 88(1-4): 15-34.

[17] Breiter K, Fryda J, Leichmann J. Phosphorus and rubidium in alkali feldspars: case studies and possible genetic interpretation [J]. Bulletin of the Czech Geological Survey, 2002, 77 (2): 93-104.

[18] Breiter K, Novák M, Koller F, et al. Phosphorus-an omnipresent minor element in garnet of diverse textural types from leucocratic granitic rocks [J]. Mineralogy and Petrology, 2005, 85 (3): 205-221.

[19] Breton N L, Thompson A B. Fluid-absent (dehydration) melting of biotite in metapelites in the early stages of crustal anatexis [J]. Contributions to Mineralogy and Petrology, 1988, 99 (2): 226-237.

[20] Broska I, Kubi M, Williams C T, et al. The compositions of rock-forming and accessory minerals from the Gemeric granites (Hnilec area, Gemeric Superunit, Western Carpathians) [J]. Bulletin of the Czech Geological Survey, 2002, 77(2): 147-155.

[21] Broska I, Williams C T, Uher P, et al. The geochemistry of phosphorus in different granite suites of the Western Carpathians, Slovakia: the role of apatite and P-bearing feldspar [J]. Chemical Geology, 2004, 205(1-2): 1-15.

[22] Byrne R H, Li B. Comparative complexation behavior of the rare earths [J]. Geochimica et Cosmochimica Acta, 1995, 59(22): 4575-4589.

[23] Cai D W, Tang Y, Zhang H, et al. Petrogenesis and tectonic setting of the devonian Xiqin a-type granite in the northeastern Cathaysia block, SE China [J]. Journal of Asian Earth Sciences, 2017a, 141: 43-58.

[24] Cai D, Zhao J, Tang Y, et al. Geochemistry, petrogenesis and tectonic significance of the late Triassic a-type granite in Fujian, South China [J]. Acta Geochimica, 2017b, 36: 166-180.

[25] Charoy B, Noronha F. Multistage growth of a rare-element, volatile-rich microgranite at Argemela (Portugal) [J]. Journal of Petrology, 1996, 37(1): 73-94.

[26] Charoy B. Beryllium speciation in evolved granitic magmas; phosphates versus silicates [J]. European Journal of Mineralogy, 1999, 11(1): 135-148.

[27] Chou I M. Calibration of oxygen buffers at elevated P and T using the hydrogen fugacity sensor [J]. American Mineralogist, 1978, 63(7-8): 690-703.

[28] Coveney J R M, Glascock M D. A review of the origins of metal-rich Pennsylvanian black shales, central U. S. A., with an inferred role for basinal brines [J]. Applied Geochemistry, 1989, 4(4): 347-367.

[29] Cody G D, Mysen B, Saghi-Szabo G, et al. Silicate-phosphate interactions in silicate glasses and melts: I. A multinuclear (^{27}Al, ^{29}Si, ^{31}P) MAS NMR and ab initio chemical shielding (^{31}P) study of phosphorous speciation in silicate glasses [J]. Geochimica et Cosmochimica Acta, 2001, 65(14): 2395-2411.

[30] Dickinson J E, Hess P C. Rutile solubility and titanium coordination in silicate melts [J]. Geochimica et Cosmochimica Acta, 1985, 49(11): 2289-2296.

[31] Dingwell D B, Knoche R, Webb S L. The effect of B_2O_3 on the viscosity of haplogranitic liquids [J]. American Mineralogist, 1992, 77: 457-461.

[32] Dingwell D B, Knoche R, Webb S L. The effect of P_2O_5 on the viscosity of haplogranitic liquid [J]. European Journal of Mineralogy, 1993a, 5(1): 133-140.

[33] Dingwell D B, Knoche R, Webb S L. The effect of F on the density of haplogranite melt [J]. American Mineralogist, 1993b, 78(3-4): 325-330.

[34] Dingwell D B, Scarfe C M, Cronin D J. The effect of fluorine on viscosities in the system Na_2O-Al_2O_3-SiO_2: implications for phonolites, trachytes and rhyolites [J]. American Mineralogist, 1985, 70(1-2): 80-87.

[35] Dupree R, Holland D, Mortuza M G, et al. An MAS NMR study of network-cation coordination in phosphosilicate glasses [J]. Journal of Non-Crystalline Solids, 1988, 106 (1-3): 403-407.

[36] Evensen J M, London D, Wendlandt R F. Solubility and stability of beryl in granitic melts [J]. American Mineralogist, 1999, 84(5-6): 733-745.

[37] Farges F, Linnen R L, Brown Jr G E. Redox and speciation of tin in hydrous silicate glasses: a comparison with Nb, Ta, Mo and W [J]. The Canadian Mineralogist, 2006, 44(3): 795.

[38] Fiege A, Kirchner C, Holtz F, et al. Influence of fluorine on the solubility of manganotantalite ($MnTa_2O_6$) and manganocolumbite ($MnNb_2O_6$) in granitic melts—An experimental study [J]. Lithos, 2011, 122(3-4): 165-174.

[39] Forster H J. Composition and origin of intermediate solid solutions in the system thorite-xenotime-zircon-coffinite [J]. Lithos, 2006, 88(1-4): 35-55.

[40] Foster H J. The chemical composition of REE-Y-Th-U-rich accessory minerals in peraluminous granites of the Erzgebirge-Fichtelgebirge region, Germany; Part 2, Xenotime [J]. American Mineralogist, 1998, 83(11-12 Part 1): 1302-1315.

[41] Freestone I C. Liquid immiscibility in alkali-rich magmas [J]. Chemical Geology, 1978, 23 (1-4): 115-123.

[42] Fryda J, Breiter K. Alkali feldspars as a main phosphorus reservoirs in rare-metal granites: three examples from the Bohemian Massif (Czech Republic) [J]. Terra Nova, 1995, 7(3): 315-320.

[43] Gan H, Hess P C. Phosphate speciation in potassium aluminosilicate glasses [J]. American Mineralogist, 1992, 77(5-6): 495-506.

[44] Gao Shan, Liu Xiaomin, Yuan Honglin, et al. Determination of forty two major and trace elements in USGS and NIST SRM glasses by laser ablation-inductively coupled plasma-mass spectrometry [J]. Geostandards Newsletter: The Journal of Geostandards and Geoanalysis, 2002, 26: 181-196.

[45] Gwinn R, Hess P C. The role of phosphorus in rhyolitic liquids as determined from the homogeneous iron redox equilibrium [J]. Contributions to Mineralogy and Petrology, 1993, 113(3):

424-435.

[46] Haack U, Heinrichs H, Boneß M, et al. Loss of metals from pelites during regional metamorphism [J]. Contributions to Mineralogy and Petrology, 1984, 85(2): 116-132.

[47] Harrison T M, Watson E B. Kinetics of zircon dissolution and zirconium diffusion in granitic melts of variable water content [J]. Contributions to Mineralogy and Petrology, 1983, 84(1): 66-72.

[48] Harrison T M, Watson E B. The behavior of apatite during crustal anatexis: Equilibrium and kinetic considerations [J]. Geochimica et Cosmochimica Acta, 1984, 48(7): 1467-1477.

[49] Heinrich C A. The chemistry of hydrothermal tin (-tungsten) ore deposition [J]. Economic Geology, 1990, 85(3): 457-481.

[50] Holtz F, Dingwell D B, Behrens H. Effects of F, B_2O_3 and P_2O_5 on the solubility of water in haplogranite melts compared to natural silicate melts [J]. Contributions to Mineralogy and Petrology, 1993, 113(4): 492-501.

[51] Horng W S, Hess P C, Gan H. The interactions between M + 5 cations (Nb + 5, Ta + 5, or P + 5) and anhydrous haplogranite melts [J]. Geochimica et Cosmochimica Acta, 1999, 63(16): 2419-2428.

[52] Hudon P, Baker D R. The nature of phase separation in binary oxide melts and glasses. I. Silicate systems [J]. Journal of Non-Crystalline Solids, 2002, 303(3): 299-345.

[53] Huebner J S, Sato M. The oxygen fugacity-temperature relationships of manganese oxide and nickel oxide buffers [J]. Am Mineral, 1970, 55: 934-952.

[54] Hughes J M, Cameron M, Crowley K D. Odering of divalent cations in the apatite structure: Crystal structure refinements of natural Mn- and Sr- bearing apatite [J]. Am. Mineral, 1991, 76: 1857-1862.

[55] Irber W. The lanthanide tetrad effect and its correlation with K/Rb, Eu/Eu*, Sr/Eu, Y/Ho, and Zr/Hf of evolving peraluminous granite suites [J]. Geochimica et Cosmochimica Acta, 1999, 63(3-4): 489-508.

[56] Jolliff B L, Papike J J, Shearer C K, et al. Inter-and intra-crystal REE variations in apatite from the Bob Ingersoll pegmatite, Black Hills, South Dakota [J]. Geochimica et Cosmochimica Acta, 1989, 53(2): 429-441.

[57] Kawabe I. Lanthanide tetrad effect in the Ln^{3+} inoic radii and refined spin-pairing energy theory [J]. Geochemical Journal, 1992, 26(6): 309-335.

[58] Kawabe I. Tetrad effects and fine structures of REE abundance patterns of granitic and rhyolitic rocks: ICP-AES determinations of REE and Y in eight GSJ reference rocks [J]. Geochemical Journal, 1995, 29: 213-230.

[59] Kawabe I, Kitahara Y, Naito K. Non-chondritic yttrium/holmium ratio and lanthanide tetrad effect observed in pre-Cenozoic limestones [J]. Geochemical Journal, 1991, 25: 31-44.

[60] Keppler H, Wyllie P J. Partitioning of Cu, Sn, Mo, W, U, and Th between melt and aqueous fluid in the systems haplogranite-H_2O-HCl and haplogranite-H_2O-HF [J]. Contributions to Mineralogy and Petrology, 1991, 109(2): 139-150.

[61] Keppler H. Influence of fluorine on the enrichment of high field strength trace elements in granit-ic rocks [J]. Contributions to Mineralogy and Petrology, 1993, 114(4): 479-488.

[62] Keppler H. Partitioning of phosphorus between melt and fluid in the system haplogranite-H_2O-P_2O_5 [J]. Chemical Geology, 1994, 117(1-4): 345-353.

[63] Kontak D J. The East Kemptville Topaz-Mucovite Leucogranite, Nova Scotia I, Geological set-ting and whole rock geochemistry [J]. Canadian Mineralogist, 1990, 28: 787-825.

[64] Kontak D J, Martin R F, Richard L. Patterns of phosphorus enrichment in alkali feldspar, South Mountain Batholith. Nova Scotia, Canada [J]. Eur. J. Mineral, 1996, 8: 805-824.

[65] Koritnig S. Geochemistry of phosphorus— I . The replacement of Si^{4+} by P^{5+} in rock-forming sil-icate minerals [J]. Geochimica et Cosmochimica Acta, 1965, 29(5): 361-371.

[66] Lehmann B. Metallogeny of tin; magmatic differentiation versus geochemical heritage [J]. Economic Geology, 1982, 77(1): 50-59.

[67] Lehmann B. Metallogeny of Tin [M]. Springer-Verlag, Berlin, Germany, 1990.

[68] Lentz D R. Phosphorus-enriched, S-type Middle River Rhyolite, Tetagouche Group, northeast-ern New Brunswick; petrogenetic implications [J]. The Canadian Mineralogist, 1997, 35 (3): 673-690.

[69] Linnen R L. The solubility of Nb-Ta-Zr-Hf-W in granitic melts with Li and Li + F; constraints for mineralization in rare metal granites and pegmatites [J]. Economic Geology, 1998, 93 (7): 1013-1025.

[70] Linnen R L. The effect of water on accessory phase solubility in subaluminous and peralkaline granitic melts [J]. Lithos, 2005, 80(1-4): 267-280.

[71] Linnen R L, Cuney M. Granite-related rare-element deposits and experimental constrains on Ta-Nb-W-Sn-Zr-Hf mineralization [C]. In Linnen R L, Samson I M (Eds). Rare-element Geo-chemistry and Mineral Deposit. Geological association of Canada, Short Course Notes, 2005, 17: 45-68.

[72] Linnen R L, Keppler H. Columbite solubility in granitic melts: consequences for the enrichment and fractionation of Nb and Ta in the Earth's crust [J]. Contributions to Mineralogy and Pe-trology, 1997, 128(2): 213-227.

[73] Linnen R L, Samson I M, Williams-Jones A E, et al. Geochemistry of the Rare-Earth Ele-ment, Nb, Ta, Hf, and Zr Deposits [C]. In Holland H, Turekian K (Eds). Treatise on Geochemistry (Second Edition), Elsevier, Oxford, 2014: 543-568.

[74] Liu Y, Nekvasil H. Si-F bonding in aluminosilicate glasses: Inferences from ab initio NMR cal-culations [J]. American Mineralogist, 2002, 87(2-3): 339-346.

[75] Liu C Q, Zhang H. The lanthanide tetrad effect in apatite from the Altay No. 3 pegmatite, Xingjiang, China: an intrinsic feature of the pegmatite magma [J]. Chemical Geology, 2005, 214(1-2): 61-77.

[76] Liu C Q, Masuda A, Okada A, et al. A geochemical study of loess and desert sand in northern China: Implications for continental crust weathering and composition [J]. Chemical Geology, 1993, 106(3-4): 359-374.

[77] London D, Morgan VI G B, Richard L H. Vapor-undersaturated experiments with Macusani glass + H₂O at 200MPa, and the internal differentiation of granitic pegmatites [J]. Contributions to Mineralogy and Petrology, 1989, 102: 1-17.

[78] London D. Magmatic-hydrothermal transition in the Tanco rare-element pegmatite; evidence from fluid inclusions and phase-equilibrium experiments [J]. American Mineralogist, 1986, 71(3-4): 376-395.

[79] London D. Phosphorus in S-typ magmas: The P₂O₅ content of feldspars from peralumino 111s granites, pegmatites, and rhyolites [J]. American Mineralogist, 1992a, 77: 126-145.

[80] London D. The application of experimental petrology to the genesis and crystallization of granitic pegmatites [J]. The Canadian Mineralogist, 1992b, 30(3): 499-540.

[81] London D. Granitic pegmatites: an assessment of current concepts and directions for the future [J]. Lithos, 2005, 80(1-4): 281-303.

[82] London D. Pegmatites, Mineralogical Association of Canada [M]. Special publication, 2008, 10, Quebec.

[83] London D. The origin of primary textures in granitic pegmatites [J]. The Canadian Mineralogist, 2009, 47(4): 697-724.

[84] London D. A petrologic assessment of internal zonation in granitic pegmatites [J]. Lithos, 2014, 184-187: 74-104.

[85] London D. Reply to Thomas and Davidson on "A petrologic assessment of internal zonation in granitic pegmatites" (London, 2014a) [J]. Lithos, 2015, 212-215: 469-484.

[86] London D, Cerny P, Loomis J L, et al. Phosphorus in alkali feldspars of rare-element granitic pegmatites [J]. Canadian Mineralogist, 1990, 28: 771-786.

[87] London D, Hervig R L, Morgan VI G B. Melt-vapor solubilities and elemental partitioning in peraluminous granite-pegmatite systems: experimental results with Macusani glass at 200MPa [J]. Contributions to Mineralogy and Petrology, 1988, 99(3): 360-373.

[88] London D, Morgan G B, Babb H A, et al. Behavior and effects of phosphorus in the system Na₂O-K₂O-Al₂O₃-SiO₂-P₂O₅-H₂O at 200MPa (H₂O) [J]. Contributions to Mineralogy and Petrology, 1993, 113(4): 450-465.

[89] London D, Wolf D, Morgan V G B, et al. Experimental Silicate-Phosphate Equilibria in Peraluminous Granitic Magmas, with a Case Study of the Alburquerque Batholith at Tres Arroyos, Badajoz, Spain [J]. Journal of Petrology, 1999, 40(1): 215-240.

[90] London D. Estimating abundances of valatile and other mobile components inevolved silicic melts through mineral-melt equilibria [J]. J. Petrol., 1997, 38: 1691-1706.

[91] Lottermoser B G, Lu J. Petrogenesis of rare-element pegmatites in the Olary Block, South Australia, Part 1. Mineralogy and chemical evolution [J]. Mineralogy and Petrology, 1997, 59(1): 1-19.

[92] MacDonald M A, Clarke D B. The petrology, geochemistry, and economic potential of the Musquodoboit batholith, Nova Scotia. Can [J]. J. Earth Sci, 1985, 22(11): 1633-1642.

[93] Manning D, Henderson P. The behaviour of tungsten in granitic melt-vapour systems [J].

Contributions to Mineralogy and Petrology, 1984, 86(3): 286-293.

[94] Manning D A C. The effect of fluorine on liquidus phase relationships in the system Qz-Ab-Or with excess water at 1Kb [J]. Contributions to Mineralogy and Petrology, 1981, 76(2): 206-215.

[95] Mason B. Geochemistry and meteorites [J]. Geochimica et Cosmochimica Acta, 1966, 30(4): 365-374.

[96] Masuda A, Akagi T. Lanthanide tetrad effect observed in leucogranite from China [J]. Geochemical Journal, 1989, 23: 245-253.

[97] Masuda A, Ikeuchi Y. Lanthanide tetrad effect observed in marine environment [J]. Geochemical Journal, 1979, 13: 19-22.

[98] Masuda A, Kawakami O, Dohmoto Y, et al. Lanthanide tetrad effects in nature: two mutually opposite type, W and M [J]. Geochemical Journal, 1987, 21: 119-124.

[99] Matthew J K, John R, Hughes J M. Phosphate: Geochemical, Geobiological, and Materails importance [C]. Reviews in Mineralogy and Geochemistry, 48. Mineralogical society of America, Washington DC, 2002.

[100] Mccreath J A, Finch A A, Herd D A, et al. Geochemistry of pyrochlore minerals from the Motzfeldt Center, South Greenland: The mineralogy of a syenite-hosted Ta, Nb deposit [J]. American Mineralogist, 2013, 98(2-3): 426-438.

[101] McLennan S M. Rare earth element geochemistry and the "tetrad" effect [J]. Geochimica et Cosmochimica Acta, 1994, 58(9): 2025-2033.

[102] Monecke T, Kempe U, Monecke J, et al. Tetrad effect in rare earth element distribution patterns: a method of quantification with application to rock and mineral samples from granite-related rare metal deposits [J]. Geochimica et Cosmochimica Acta, 2002, 66(7): 1185-1196.

[103] Morgan VI G B, London D. Optimizing the electron microprobe analysis of hydrous alkali aluminosilicate glasses [J]. American Mineralogist, 1996, 81(9-10): 1176-1185.

[104] Morgan VI G B, London D. Effect of current density on the electron microprobe analysis of alkali aluminosilicate glasses [J]. American Mineralogist, 2005, 90(7): 1131-1138.

[105] Moss B E, Haskin L A, Dymek R F. Compositional variations in metamorphosed sediments of the littleton Formation, New Hampshire and the Carrabassett Formation, Maine, as sub-hand specimen, outcrop, and regional scales [J]. American journal of Science, 1996, 296: 473-505.

[106] Mungall J E, Dingwell D B, Chaussidon, M. Chemical diffusivities of 18 trace elements in granitoid melts [J]. Geochimica et Cosmochimica Acta, 1999, 63(17): 2599-2610.

[107] Mysen B O. Iron and phosphorus in calcium silicate quenched melts [J]. Chemical Geology, 1992, 98(3-4): 175-202.

[108] Mysen B O, Cody G D. Silicate-phosphate interactions in silicate glasses and melts: II. quantitative, high-temperature structure of P-bearing alkali aluminosilicate melts [J]. Geochimica et Cosmochimica Acta, 2001, 65(14): 2413-2431.

[109] Mysen B O. Phosphorus solubility mechanisms in haplogranitic aluminosilicate glass and melt: effect of temperature and aluminum content [J]. Contributions to Mineralogy and Petrology, 1998, 133(1): 38-50.

[110] Mysen B O, Holtz F, Pichavant M, et al. Solution mechanisms of phosphorus in quenched hydrous and anhydrous granitic glass as a function of peraluminosity [J]. Geochimica et Cosmochimica Acta, 1997, 61(18): 3913-3926.

[111] Mysen B O, Toplis M J. Structural behavior of Al^{3+} in peralkaline, metaluminous, and peraluminous silicate melts and glasses at ambient pressure [J]. American Mineralogist, 2007, 92 (5-6): 933-946.

[112] Nelson C, Tallant D R. Raman studies of sodium silicate glasses with low phosphate contents [J]. Physics and chemistry of glasses, 1984, 25(2): 31-38.

[113] Nugent L J. Theory of the tetrad effect in the lanthanide (Ⅲ) and actinide (Ⅲ) series [J]. Journal of Inorganic and Nuclear Chemistry, 1970, 32(11): 3485-3491.

[114] Pan Y, Breaks F W. Rare-earth elements in fluorapatite, Separation Lake area, Ontario; evidence for S-type granite-rare-element pegmatite linkage [J]. The Canadian Mineralogist, 1997, 35(3): 659-671.

[115] Patino Douce A E, Johnston A D. Phase equilibria and melt productivity in the pelitic system: implications for the origin of peraluminous granitoids and aluminous granulites [J]. Contributions to Mineralogy and Petrology, 1991, 107(2): 202-218.

[116] Peppard D F, Mason G W, Lewey S. A tetrad effect in the liquid-liquid extraction ordering of lanthanides (Ⅲ) [J]. Journal of Inorganic and Nuclear Chemistry, 1969, 31(7): 2271-2272.

[117] Pichavant M. Effects of B and H_2O on liquidus phase relations in the haplogranite system at l kbar [J]. American Mineralogist, 1987, 72(11-12): 1056-1070.

[118] Pichavant M, Montel J M, Richard L R. Apatite solubility in peraluminous liquids: Experimental data and an extension of the Harrison-Watson model [J]. Geochimica et Cosmochimica Acta, 1992, 56(10): 3855-3861.

[119] Plimer I R. Fundamental parameters for the formation of granite-related tin deposits [J]. International Journal of Earth Sciences, 1987, 76(1): 23-40.

[120] Quach D T, Audetat A, Keppler H. Solubility of tin in (Cl, F)-bearing aqueous fluids at 700℃, 140MPa: A LA-ICP-MS study on synthetic fluid inclusions [J]. Geochimica et Cosmochimica Acta, 2007, 71(13): 3323-3335.

[121] Raimbault L. Composition of complex lepidolite-type granitic pegmatites and of constituent columbite-tantalite, Chedeville, Massif Central, France [J]. The Canadian Mineralogist, 1998, 36(2): 563-583.

[122] Raimbault L, Burol L. The Richemont rhyolite dike, massif central, France: a subvocanic equivalent of rare-metal granite [J]. Canadian Mineralogist, 1998, 36: 265-282.

[123] Raimbault L, Cuney M, Azencott C, et al. Geochemical evidence for a multistage magmatic genesis of Ta-Sn-Li mineralization in the granite at Beauvoir, French Massif Central [J].

Economic Geology, 1995, 90(3): 548-576.

[124] Rama Murthy V, Hall H T. The chemical composition of the Earth's core: Possibility of sulphur in the core [J]. Physics of The Earth and Planetary Interiors, 1970, 2(4): 276-282.

[125] Rao C, Wang R C, Frédéric H, et al. Strontiohurlbutite, $SrBe_2(PO_4)_2$, a new mineral from Nanping No. 31 pegmatite, Fujian Province, Southeastern China [C]. American Mineralogist, 2014: 494.

[126] Rapp R P, Watson E B. Monazite solubility and dissolution kinetics: implications for the thorium and light rare earth chemistry of felsic magmas [J]. Contributions to Mineralogy and Petrology, 1986, 94(3): 304-316.

[127] Roedder E. Low temperature liquid immiscibility in the system K_2O-FeO-Al_2O_3-SiO_2 [J]. American Mineralogist, 1951, 36: 282-286.

[128] Roedder E. Silicate liquid immiscibility in lunar magmas evidence by melt inclusions in lunar rocks [J]. American Journal of Science, 1970, 167: 641-644.

[129] Ryerson F J, Hess P C. The role of P_2O_5 in silicate melts [J]. Geochimica et Cosmochimica Acta, 1980, 44(4): 611-624.

[130] Schaller T, Rong C, Toplis M J, et al. TRAPDOR NMR investigations of phosphorus-bearing aluminosilicate glasses [J]. Journal of Non-Crystalline Solids, 1999, 248(1): 19-27.

[131] Seltmann R, Breiter K, Fryda J. Liquid-liquid immiscibility in the podles stock [C]. Abstract in Vol. Acta. Environ. Assem. (Mexico), 1997: 102.

[132] Sha L K, Chappell B W. Apatite chemical composition, determined by electron microprobe and laser-ablation inductively coupled plasma mass spectrometry, as a probe into granite petrogenesis [J]. Geochimica et Cosmochimica Acta, 1999, 63(22): 3861-3881.

[133] Shigley J E, Brown G E. Lithiophilite formation in granitic pegmatites: a reconnaissance experimental study of phosphate crystallization from hydrous aluminosilicate melts [J]. American Mineralogist, 1986, 71(3-4): 356-366.

[134] Siekierski S. The shape of the lanthanide contraction as reflected in the changes of the unit cell volumes, lanthanide radius and the free energy of complex formation [J]. Journal of Inorganic and Nuclear Chemistry, 1971, 33(2): 377-386.

[135] Simon A C, et al. Gold partitioning in melt-vapor-brine systems [J]. Geochimica et Cosmochimica Acta, 2005, 69(13): 3321-3335.

[136] Simpson D R. Aluminum phosphate variants of feldspar [J]. American Mineralogist, 1977, 62(3-4): 351-355.

[137] Stilling A, Černý P, Vanstone P J. The Tanco pegmatite at Bernic Lake, Manitoba XVI. Zonal and bulk compositions and their petrogenetic significance [J]. The Candian Mineralogist, 2006, 44: 599-623.

[138] Stone M. The behaviour of Tin and some other trace elements during granite differentiation, West cornwall, England [C]. In: A. M. Evans (Editor), Mineralization associated with acid magmatism. Wiley, London, 1982: 339-355.

[139] Tang Y, Zhao J Y, Zhang H, et al. Precise columbite-(Fe) and zircon U-Pb dating of the

Nanping No. 31 pegmatite vein in northeastern Cathaysia block, SE China [J]. Ore Geology Reviews, 2017, 83: 300-311.

[140] Taylor J R, Wall V J. The behavior of tin in granitoid magmas [J]. Econ. Geol., 1992, 87: 403-420.

[141] Taylor R G. Geology of tin deposits [M]. Elsevier Scientific Publishing, Amsterdam, 1979: 543.

[142] Taylor R P. Petrological and geochemical characteristics of the Pleasant Ridge zinnwaldite-topaz granite, southern New Brunswick, and comparisons with other topaz-bearing felsic rocks [J]. The Canadian Mineralogist, 1992, 30(3): 895-921.

[143] Thomas R, Webster J D, Rhede D. Strong phosphorus enrichment in a pegmatite-forming melt [J]. Acta Universitatis Carolinae-Geologica, 1998, 42: 150-164.

[144] Thompson L M, Stebbins J F. Non-bridging oxygen and high-coordinated aluminum in metaluminous and peraluminous calcium and potassium aluminosilicate glasses: High-resolution ^{17}O and ^{27}Al MAS NMR results [J]. American Mineralogist, 2011, 96(5-6): 841-853.

[145] Toplis M J, Dingwell D B. The variable influence of P_2O_5 on the viscosity of melts of differing alkali/aluminium ratio: Implications for the structural role of phosphorus in silicate melts [J]. Geochimica et Cosmochimica Acta, 1996, 60(21): 4107-4121.

[146] Toplis M J, Schaller T. A ^{31}P MAS NMR study of glasses in the system $xNa_2O-(1-x)Al_2O_3-2SiO_2-yP_2O_5$ [J]. Journal of Non-Crystalline Solids, 1998, 224(1): 57-68.

[147] Van Lichtervelde M, Holtz F, Hanchar J. Solubility of manganotantalite, zircon and hafnon in highly fluxed peralkaline to peraluminous pegmatitic melts [J]. Contributions to Mineralogy and Petrology, 2010, 160(1): 17-32.

[148] Veksler I V, Dorfman A M, Kamenetsky M, et al. Partitioning of lanthanides and Y between immiscible silicate and fluoride melts, fluorite and cryolite and the origin of the lanthanide tetrad effect in igneous rocks [J]. Geochimica et Cosmochimica Acta, 2005, 69(11): 2847-2860.

[149] Vielzeuf D, Holloway J R. Experimental determination of the fluid-absent melting relations in the pelitic system [J]. Contributions to Mineralogy and Petrology, 1988, 98(3): 257-276.

[150] Visser W, VanGroos A F K. Effect of P_2O_5 and TiO_2 on liquid-liquid equilibria in the system $K_2O-FeO-Al_2O_3-SiO_2$ [J]. American journal of Science, 1979, 279: 970-988.

[151] Watson E B, Capobianco C J. Phosphorus and the rare earth elements in felsic magmas: an assessment of the role of apatite [J]. Geochimica et Cosmochimica Acta, 1981, 45(12): 2349-2358.

[152] Walker R J, Hanson G N, Papike J J, et al. Internal evolution of the Tin Mountain Pegmatite, Black Hills, South Dakota [J]. American, 1986.

[153] Watson E B, Harrison T M. Zircon saturation revisited: temperature and composition effects in a variety of crustal magma types [J]. Earth and Planetary Science Letters, 1983, 64(2): 295-304.

[154] Watson E B. Two-liquid partition coefficients: Experimental data and geochemical implications

[J]. Contributions to Mineralogy and Petrology, 1976, 56(1): 119-134.

[155] Webster J D, Tomas R, Veksler I, et al. Late-stage processes in P-or F-rich granitic magmas [J]. Acta Universitatis Carolinae-Geologica, 1998, 42: 181-188.

[156] Webster J D, Holloway J R, Hervig R L. Partitioning of lithophile trace elements between H_2O and $H_2O + CO_2$ fluids and topaz rhyolite melt [J]. Economic Geology, 1989, 84 (1): 116-134.

[157] Webster J D, Thomas R, Rhede D, et al. Melt inclusions in quartz from an evolved peraluminous pegmatite: Geochemical evidence for strong tin enrichment in fluorine-rich and phosphorus-rich residual liquids [J]. Geochimica et Cosmochimica Acta, 1997, 61 (13): 2589-2604.

[158] Wolf M, London D. Preliminary results of HFS and RE element solubility experiments in granites as a function of B and P [J]. Eos, 1993, 74: 343.

[159] Wolf M B, London D. Apatite dissolution into peraluminous haplogranitic melts: An experimental study of solubilities and mechanisms [J]. Geochimica et Cosmochimica Acta, 1994, 58(19): 4127-4145.

[160] Wyllie P J, Tuttle O F. Experimental investigation of silicate systems containing two volatile components: Part Ⅲ. The effects of SO_3, P_2O_5, HCl, and Li_2O, in addition to H_2O, on the Melting Temperatures of Albite and Granite [J]. American Journal of Sciences, 1964, 3: 930-939.

[161] Yin L, Pollard P J, Shouxi H, et al. Geologic and geochemical characteristics of the Yichun Ta-Nb-Li deposit, Jiangxi Province, South China [J]. Economic Geology, 1995, 90(3): 577-585.

[162] Yurimoto H, Duke E F, Papike J J, et al. Are discontinuous chondrite-normalized REE patterns in pegmatitic granite systems the results of monazite fractionation [J]. Geochimica et Cosmochimica Acta, 1990, 54(7): 2141-2145.

[163] Zhao J X, Cooper J A. Fractionation of monazite in the development of V-shaped REE patterns in leucogranite systems: Evidence from a muscovite leucogranite body in central Australia [J]. Lithos, 1993, 30(1): 23-32.

[164] Zhu Y F, Zeng Y D, Ai Y F. Experimental evidence for a relationship between liquid immiscibility and ore-formation in felsic magmas [J]. Applied Geochemistry, 1996, 11 (3): 481-487.

[165] 车旭东, 王汝成, 胡欢, 等. 江西宜春黄玉-锂云母花岗岩中的铍矿化作用: 铍磷酸盐矿物 [J]. 岩石学报, 2007, 23(6): 1552-1560.

[166] 陈道公, 支霞臣, 杨海涛. 地球化学 [M]. 合肥: 中国科学技术大学出版社, 1994.

[167] 陈骏. 锡的地球化学 [M]. 南京: 南京大学出版社, 2000.

[168] 陈毓川, 裴荣富, 张宏良, 等. 南岭地区与中生代花岗岩有关的有色及稀有金属矿床地质 [M]. 北京: 地质出版社, 1989.

[169] 陈之龙, 彭省临. 钨、锡流-熔分配实验结果及其矿床成因意义 [J]. 地质评论, 1994, 40(3): 274-282.

[170] 地矿部南岭项目花岗岩专题组．南岭花岗岩地质及其成因和成矿关系［M］．北京：地质出版社，1989.

[171] 杜绍华，黄蕴慧．香花岭岩的研究［J］．中国科学，1984，11：1039-1047.

[172] 冯志文，夏卫华，章锦统，等．南岭含矿叠加-重熔型花岗岩稀土元素地球化学特征［J］．地球化学，1989(1)：43-51.

[173] 高子英，吕伯西，段建中，等．滇南普雄黑鳞云母岩［J］．岩石学报，1991(4)：91-94.

[174] 华仁民．南岭中生代陆壳重熔型花岗岩类成岩-成矿的时间差及其地质意义［J］．地质论评，2005(6)：633-639.

[175] 华仁民，毛景文．试论中国东部中生代成矿大爆发［J］．矿床地质，1999(4)：300-308.

[176] 华仁民，陈培荣，张文兰，等．华南中、新生代与花岗岩类有关的成矿系统［J］．中国科学：D 辑，2003(4)：335-343.

[177] 华仁民，陈培荣，张文兰，等．南岭与中生代花岗岩类有关的成矿作用及其大地构造背景［J］．高校地质学报，2005 (3)：291-304.

[178] 黄小龙．华南富氟高磷花岗岩研究及其与低磷亚类型对比［D］．南京：南京大学，1999.

[179] 黄小龙，王汝成，刘昌实，等．江西雅山花岗岩长石中磷的测定及意义［J］．科学通报，1998，43(23)：2547-2550.

[180] 黄小龙，王汝成，刘昌石，等．江西雅山黄玉锂云母花岗岩中富磷锆石研究［J］．矿物学报，2000，20(1)：22-27.

[181] 黄小龙，王汝成，陈小明，等．江西雅山富氟高磷花岗岩中的磷酸盐矿物及其成因意义［J］．地质论评，2001，47(5)：542-550.

[182] 勒斯勒 H J．朗格 H．地球化学表［M］．北京：科学出版社，1985.

[183] 黎彤．化学元素的地球丰度［J］．地球化学，1976(3)：167-174.

[184] 黎彤，袁怀雨，吴胜昔．中国花岗岩类和世界花岗岩类平均化学成分的对比研究［J］．大地构造与成矿学，1998，22(1)：29-34.

[185] 李秉新．矾山杂岩体岩石学特征［J］．西安工程学院学报，2002，24(1)：5-11.

[186] 李福春．华南富锂氟花岗岩成矿熔体和成矿流体形成演化的实验研究［D］．南京：南京大学，2000：8-19.

[187] 刘昌实，黄小龙，王汝成，等．江西雅山花岗岩长石中磷的分布及意义［J］．岩石学报，1999，15(2)：291-297.

[188] 刘英俊，马东升．钨的地球化学［M］．北京：科学出版社，1987.

[189] 刘英俊，等．元素地球化学［M］．北京：科学出版社，1984.

[190] 卢焕章．华南钨矿成因［M］．重庆：重庆出版社，1986.

[191] 罗益清．岩浆岩型磷灰石矿床产出的地质环境及普查找矿的方法［J］．中国地质，1991(11)：18-19.

[192] 毛景文，谢桂青，李晓峰，等．华南地区中生代大规模成矿作用与岩石圈多阶段伸展［J］．地质学报，2006(6)：923-924.

[193] 毛景文，谢桂青，郭春丽，等．南岭地区大规模钨锡多金属成矿作用：成矿时限及地球动力学背景［J］．岩石学报，2007，23：2329-2338.

[194] 毛景文，谢桂青，郭春丽，等．华南地区中生代主要金属矿床时空分布规律和成矿环境［J］．高校地质学报，2008，14：510-526.

[195] 孟良义．花岗岩与成矿［M］．北京：科学出版社，1993.

[196] 南京大学地质系．华南不同时代花岗岩类及其成矿关系［M］．北京：科学出版社，1981.

[197] 潘兆橹，等．结晶学及矿物学（上册）［M］．北京：地质出版社，1998.

[198] 彭省临，陈之龙，陈旭，等．钨、锡液态分离成矿作用的新证据［J］．中南工业大学学报，1995，2：143-147.

[199] 饶冰．花岗岩-LiF-NaF-H_2O 体系液相不混溶的实验研究［D］．贵阳：中国科学院地球化学研究所，1991.

[200] 饶冰．花岗岩-LiF-NaF-H_2O 体系液相不混溶的实验研究（摘要）［J］．地质地球化学，1992，6：12-19.

[201] 饶冰．含 F 花岗岩体系相过程的实验研究［D］．南京：南京大学，1994.

[202] 沈敢富．鹅髓岩（云英斑岩）——一种新的火成岩［J］．科学通报，1983，2：100-106.

[203] 王京彬．湖南道县正冲稀有金属云母斑岩的特征和成因［J］．地质论评，1990，36：532-539.

[204] 王联魁，黄智龙．Li-F 花岗岩液态分离与实验［M］．北京：科学出版社，2000.

[205] 王联魁，卢家，饶冰．稀有元素花岗岩液态分离与实验研究［J］．矿物岩石地球化学通报，1994，2：84-86.

[206] 王联魁，卢家烂，张绍立，等．南岭花岗岩液态分离实验研究［J］．中国科学：B 辑，1987，1：79-87.

[207] 王联魁，王慧芬，黄智龙．锂氟花岗质岩石三端元组分的发现及其液态分离成因［J］．地质与勘探，1997，3：11-20.

[208] 王联魁，赵斌．关于花岗岩类高温高压实验研究概况［J］．地质地球化学，1986，11：24-28.

[209] 王文瑛，陈成湖．福建南平花岗伟晶岩中的铌钽矿物学研究［J］．福建地质，1999，18(3)：113-134.

[210] 王玉荣，樊文苓，郁云妹．高温高压下络合物实验研究的结果及其地质意义［J］．地球化学，1986，11：8-15.

[211] 王玉荣，Hoselton H T，Chou I M．Sn，Fe，W，Pbz 和 Zn 在花岗岩熔体及共存流体相之间的分配实验研究：800℃和 400MPa［J］．地球化学，2007，36(4)：413-418.

[212] 武汉大学．分析化学［M］．北京：高等教育出版社，2000：261.

[213] 夏宏远，梁书艺．华南钨锡稀有金属花岗岩矿床成因系列［M］．北京：科学出版社，1991.

[214] 夏卫华，章锦统，冯志文，等．南岭花岗岩型稀有金属矿床地质［M］．武汉：中国地质大学出版社，1989.

[215] 熊小林. 钠长花岗岩-H_2O-HF 体系相关系及含黄玉花岗质岩石成因的实验研究 [D].
　　　南京：南京大学，1995.

[216] 徐克勤，朱金初. 华南钨锡矿床的时空分布和成矿控制 [C]. 锡矿地质讨论会论文集，
　　　1987：50-59.

[217] 许永胜，张本仁，韩吟文. 钨在水流体和硅酸盐熔体相间分配的实验研究 [J]. 地球
　　　化学，1992，3：272-281.

[218] 杨岳清，倪云祥，郭永泉，等. 我国首次发现的磷铝铁钡石 [J]. 岩石矿物学，1986，
　　　5：119-127.

[219] 杨泽黎，邱检生，邢光福，等. 江西宜春雅山花岗岩体的成因与演化及其对成矿的制约
　　　[J]. 地质学报，2014，88：850-868.

[220] 宜昌地质矿床研究所. 南岭地质矿产科研报告集 [M]. 武汉：中国地质大学出版
　　　社，1989.

[221] 曾贻善. 实验地球化学 [M]. 北京：北京大学出版社，2003：128-129.

[222] 张爱铖，王汝成，胡欢，等. 阿尔泰可可托海 3 号伟晶岩脉中铌铁矿族矿物环带结构
　　　及其岩石学意义 [J]. 地质学报，2004，78(2)：181-189.

[223] 张辉. 岩浆-热液过渡的体系中不相容元素地球化学行为及其机制——以新疆阿尔泰 3
　　　号伟晶岩脉研究为例 [D]. 贵阳：中国科学院地球化学研究所，2001.

[224] 张辉，刘丛强. 新疆阿尔泰可可托海 3 号伟晶岩脉磷灰石矿物中稀土元素"四分组效
　　　应"及其意义 [J]. 地球化学，2001，30(4)：323-334.

[225] 张绍立，王联魁，朱为方，等. 用磷灰石中稀土元素判别花岗岩成岩成矿系列 [J].
　　　地球化学，1985，1：45-57.

[226] 赵劲松，赵斌，饶冰. Ta，Nb，W 在钠长花岗岩岩浆结晶分异过程中于各相间分配行
　　　为的实验研究 [J]. 科学通报，1996a，41(15)：1413-1417.

[227] 赵劲松，赵斌，饶冰. 初论铌、钽和钨的成矿作用：实验研究 [J]. 地球化学，
　　　1996b，25(3)：286-295.

[228] 赵振华，熊小林，韩小龙. 花岗岩稀土元素四分组效应形成机理探讨：以千里山和巴
　　　尔哲花岗岩为例 [J]. 中国科学：D 辑，1999，29(4)：331-338.

[229] 赵振华，增田彰正，夏巴尼 M B. 稀有金属花岗岩的稀土四分组效应 [J]. 地球化学，
　　　1992：221-223.

[230] 朱金初. 硅铝质熔浆体系中的水质流体 [J]. 南京大学学报（自然科学版），1997，
　　　33：11-20.

[231] 朱永峰. 长英质岩浆中不混溶流体的运移机理——兼论成矿作用发生的条件 [J]. 地
　　　学前缘，1994，1(3-4)：119-125.

[232] 朱永峰，曾贻善，艾永富. 花岗岩-KBF_4-Na_2MoO_4-WO_3 体系的实验研究及其矿床学意
　　　义 [J]. 岩石学报，1995a，11(4)：353-364.

[233] 朱永峰，曾贻善，艾永富. 长英质岩浆中的液态不混溶与成矿作用关系的实验研究
　　　[J]. 岩石学报，1995b，11(1)：1-8.